JN207747

統計処理に使う Excel 2024 活用法

データ分析に使える
Excel 実践テクニック

相澤裕介●著

CUTT
カットシステム

はじめに

　調査や実験を行うと、さまざまなデータを得ることができます。これらのデータをわかりやすい形にまとめて分析することを**統計処理**と呼びます。ただし、統計処理の漠然としたイメージは想像できても、「実際に何をするのか？」を把握できていない方が沢山いると思われます。そこで、まずは本書が扱う統計処理について簡単に紹介しておきます。

　本書の第1章では、**平均値**や**最大値**、**最小値**といった普段から馴染みのある指標を求める方法を解説します。また、**分散**や**標準偏差**、**偏差値**といった「統計処理の基本」となる指標を算出する方法も解説します。

　第2章では、データから得られた平均値が「どれだけ信頼できるか？」を探るために、**平均値の信頼区間**を求める方法を解説します。たとえば、成人男性10人を対象に「靴のサイズ」を調査した結果、その平均値が26.4cmになったとしましょう。この結果をもとに「日本人男性の靴のサイズは平均26.4cmである」と断言できるでしょうか？　たぶん、無理ですよね。かといって、日本全国の成人男性全員について「靴のサイズ」を調べるのも不可能です。このようにサンプル調査によりデータを取得したときは、統計学を使って「平均値の信頼性」を推測しておく必要があります。

　第3章では、2つのグループで調査や実験を行い、その**平均値を比較するときの処理手順**を解説します。こういった比較調査では、2つの平均値に多少の差が生じるのが普通です。ただし、この差が「本当に意味のある差なのか」それとも「単なる偶然により生じた差なのか」を各自で判断しなければなりません。このような場合にも統計学が役に立ちます。もちろん、その詳しい手順を本書で解説しています。

　第4章では、**3つ以上のグループについて平均値を比較する方法**、ならびに**複数の要因が関わる調査の分析方法**を解説します。このようなケースでは、**分散分析**と呼ばれる手法を用いて統計処理を行います。分散分析を行えるようになれば、調査や実験から得られた結果をより鮮明に捉えられるようになります。

通常、こういった統計処理を行うには複雑な計算を行う必要があります。でも、心配はいりません。Excelには便利な関数やツールが用意されているため、さまざまな統計処理を簡単な操作で行うことが可能です。自ら計算する必要はありません。数学が得意でない、文系の方でも大丈夫です。本書には複雑な数式も掲載されていますが、これらの数式の意味を必ずしも理解する必要はありません。また、本書の巻末に「統計処理でよく利用するExcel操作」を紹介しているので、Excelに不慣れな方でも安心して作業を進められると思います。

　調査結果や実験結果をもとに論文を執筆する際は、「この結果はどれくらいの信頼性があるのか？」をあらかじめ統計処理により把握しておく必要があります。本書を読み進めることで、その手法を皆さんが習得していただければ幸いです。

2025年2月　相澤 裕介

◆ サンプルデータについて

　本書の解説で使用したサンプルデータは、以下のURLからダウンロードできます。統計処理の手法を学ぶときの参考にしてください。

https://cutt.jp/books/978-4-87783-562-0/

目　次

第3章　調査結果の比較 77

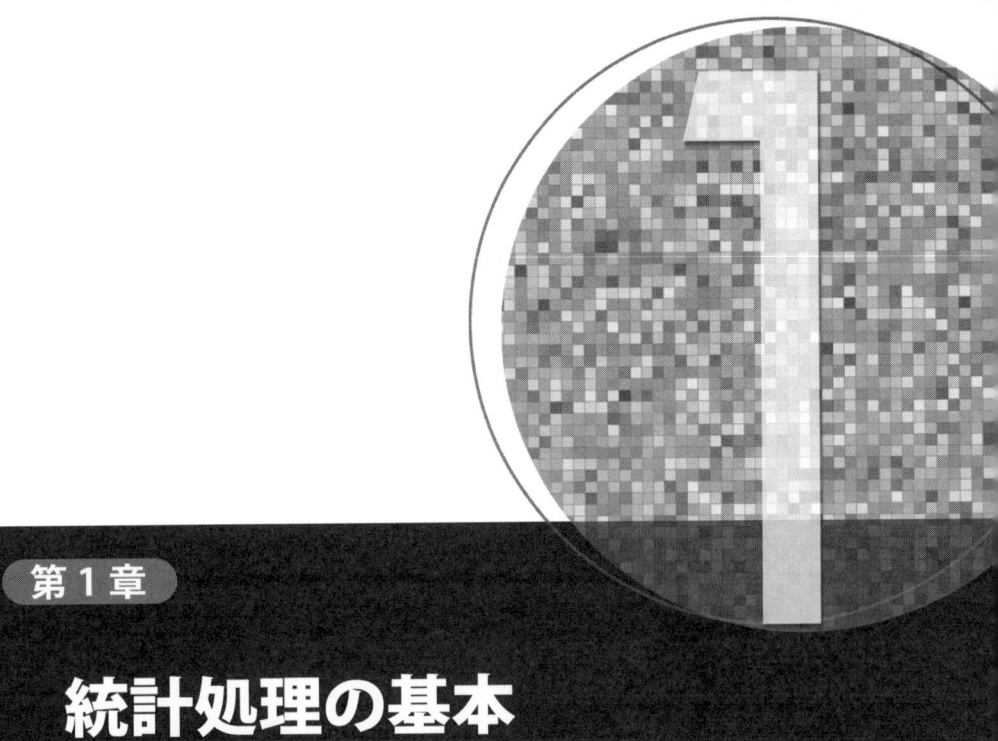

第 1 章

統計処理の基本

第1章では、**平均値、最大値、最小値**といった指標をExcelで求める方法を学習します。さらに、データのばらつきを調べる**分散**や**標準偏差**、**偏差値**を算出する方法も解説します。統計の基礎となる内容ですので、よく理解しておいてください。

1.1 平均値、最大値、最小値

まずは、日頃から馴染みのある**平均値、最大値、最小値**をExcelで求める方法を学習します。以下は、3年1組のテスト結果をまとめた表です。ただし、この表を漠然と眺めていても全体的な傾向は把握できません。このような場合は、平均値、最大値、最小値を求めるとデータの全体像が少し見えてきます。

出席番号	国語	数学	英語	合計
1	56	44	77	177
2	61	48	65	174
3	49	69	51	169
4	77	51	61	189
5	65	88	72	225
6	79	36	81	196
7	63	49	63	175
8	51	52	84	187
9	89	64	60	213
10	92	73	72	237
11	47	61	50	158
12	65	49	47	161
13	71	55	61	187
14	59	36	48	143
15	55	82	68	205
16	49	91	71	211
17	44	56	59	159
18	76	77	60	213
19	66	46	76	188
20	64	51	59	174

図1-1　3年1組のテスト結果

1.1.1　平均値の計算式

　本書を手にしている皆さんは、あらためて説明しなくても**平均値**の算出方法を知っていると思います。念のため、平均値を求める計算式を以下に示しておきます。

$$平均値 = \frac{全データの合計}{データの個数} \quad （数式1\text{-}a）$$

　最大値は全データの中で最も値が大きい数値、**最小値**は全データの中で最も値が小さい数値となります。これらの指標も、あえて詳しく説明しなくても、その意味を理解できると思います。

1.1.2　Excelで平均値を求める（AVERAGE）

　Excelには、平均値を求める**関数**「**AVERAGE**」が用意されています。このため、（**数式1-a**）に示した数式を入力しなくても平均値を算出できます。

◆平均値を求める関数「AVERAGE」の書式

> **=AVERAGE(セル範囲)**

　この関数を利用して平均値を求めるときは、次ページのように操作を進めていきます。

① 平均値を求めるセルを用意し、このセルを選択します。

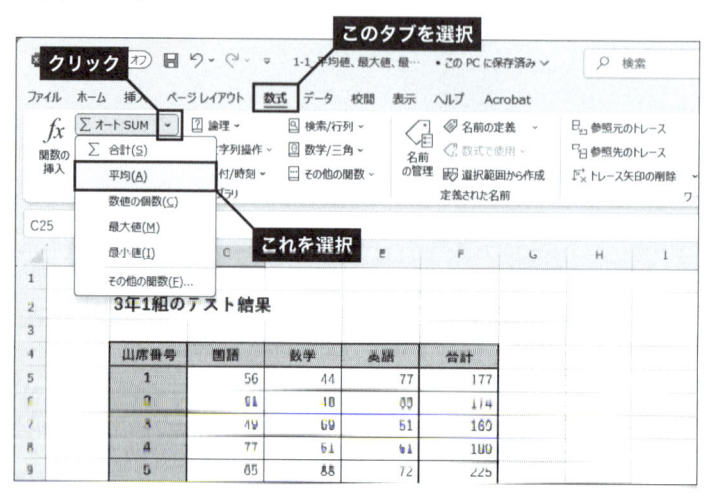

② [数式] タブを選択します。続いて「オート SUM」の∨をクリックし、「平均」を選択します。

③ 関数「AVERAGE」が入力され、平均を求めるセル範囲が点線で示されます。今回の例ではセル範囲を修正する必要がないため、そのまま [Enter] キーを押します。

（⇒）AP-02　関数の利用　　（⇒）AP-03　セル範囲の指定

3年1組のテスト結果

出席番号	国語	数学	英語	合計
1	56	44	77	177
2	61	48	65	174
3	49	69	51	169
4	77	51	61	189
5	65	88	72	225
6	79	36	81	196
7	63	49	63	175
8	51	52	84	187
9	89	64	60	213
10	92	73	72	237
11	47	61	50	158
12	65	49	47	161
13	71	55	61	187
14	59	36	48	143
15	55	82	68	205
16	49	91	71	211
17	44	56	59	159
18	76	77	60	213
19	66	46	76	188
20	64	51	59	174
平均点	=AVERAGE(C5:C24)			
最高点	AVERAGE(数値1, [数値2], ...)			
最低点				

セル範囲を確認し、[Enter] キーを押す

④ 算出された**平均値**が表示されます。

9	89	64	60	213
10	92	73	72	237
11	47	61	50	158
12	65	49	47	161
13	71	55	61	187
14	59	36	48	143
15	55	82	68	205
16	49	91	71	211
17	44	56	59	159
18	76	77	60	213
19	66	46	76	188
20	64	51	59	174
平均点	64			
最高点				
最低点				

平均値が算出される

⑤ 平均値を求めるセルが横（または縦）に並んでいる場合は、**オートフィル**を利用して関数をコピーすると、関数を入力する手間を省略できます。

（⇒）AP-04　オートフィル

18	14	59	36	48	143
19	15	55	82	68	205
20	16	49	91	71	211
21	17	44	56	59	159
22	18	76	77	60	213
23	19	66	46	76	188
24	20	64	51	59	174
25	平均点	64			
26	最高点				
27	最低点				
28					
29					

オートフィルでコピー

⑥ 関数をコピーできたら、書式の引き継ぎを**オートフィル オプション**で指定します。

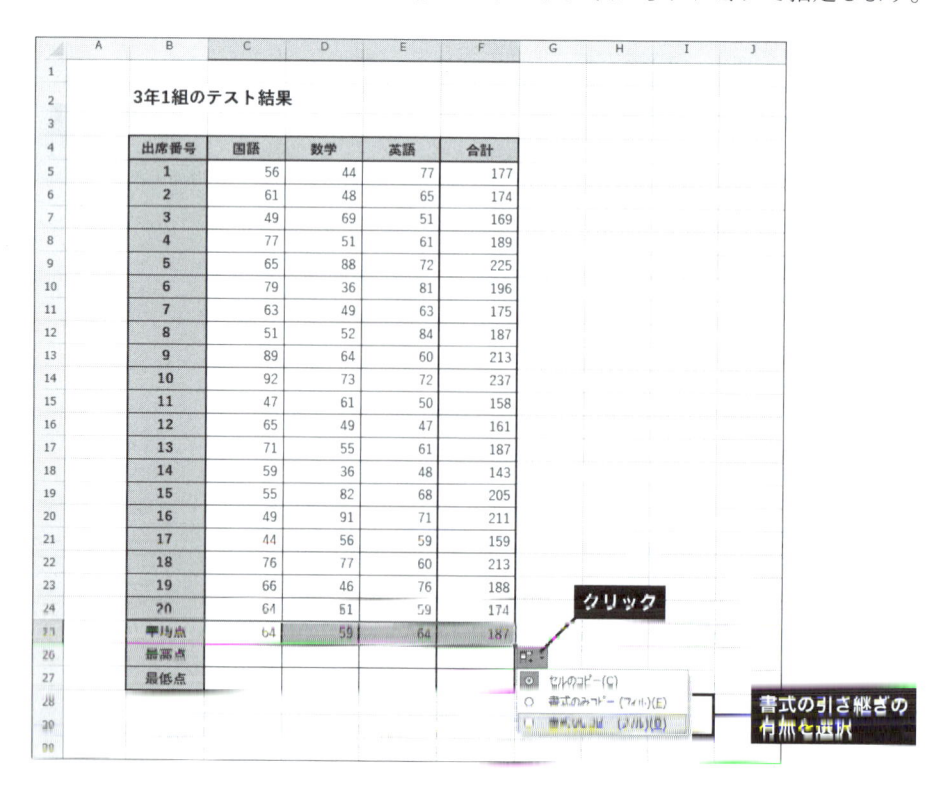

⑦ 以上で平均値の算出は完了です。必要に応じて**小数点以下の表示桁数**などを調整します。小数点以下の表示桁数は**セルの書式設定**などで指定します。

（⇒）AP-05　表示形式の変更

出席番号	国語	数学	英語	合計
		3年1組のテスト結果		
1	56	44	77	177
2	61	48	65	174
3	49	69	51	169
4	77	51	61	189
5	65	88	72	225
6	79	36	81	196
7	63	49	63	175
8	51	52	84	187
9	89	64	60	213
10	92	73	72	237
11	47	61	50	158
12	65	49	47	161
13	71	55	61	187
14	59	36	48	143
15	55	82	68	205
16	49	91	71	211
17	44	56	59	159
18	76	77	60	213
19	66	46	76	188
20	64	51	59	174
平均点	63.90	58.90	64.25	187.05
最高点				
最低点				

必要に応じて小数点以下の表示桁数を変更

1.1.3　Excelで最大値、最小値を求める（MAX、MIN）

「オートSUM」には、最大値を求める関数「MAX」や最小値を求める関数「MIN」も用意されています。続いては、これらを利用して最大値と最小値を求める方法を解説します。

◆最大値を求める関数「MAX」の書式

=MAX(セル範囲)

◆最小値を求める関数「MIN」の書式

=MIN(セル範囲)

① **最大値を表示するセル**を選択します。続いて、[**数式**] タブにある「**オート SUM**」の ⌄ をクリックし、「**最大値**」を選択します。

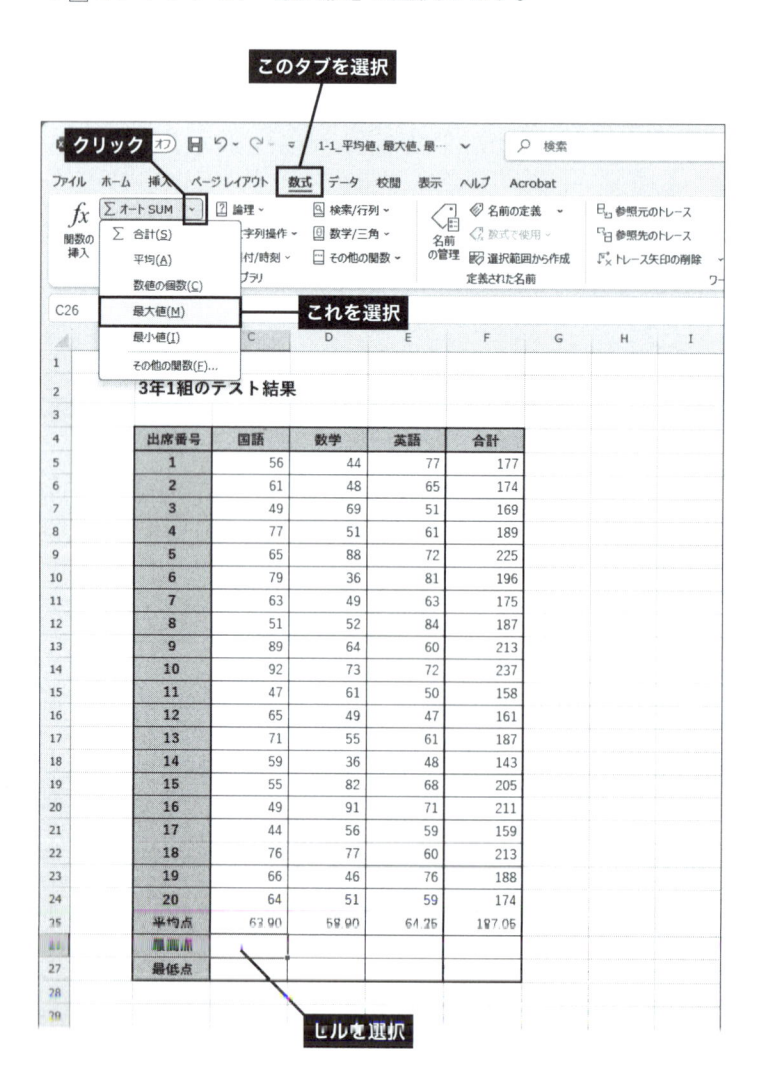

② 関数「MAX」が入力され、最大値を求めるセル範囲が点線で示されます。ただし、今回の例ではセル範囲が正しく指定されていません（平均値が含まれています）。

（⇒）AP-02　関数の利用

17	13	71	55	61	187
18	14	59	36	48	143
19	15	55	82	68	205
20	16	49	91	71	211
21	17	44	56	59	159
22	18	76	77	60	213
23	19	66	46	76	188
24	20	64	51	59	174
25	平均点	63.90	58.90	64.25	187.05
26	最高点	=MAX(C5:C25)				参照するセル範囲はC5:C25
27	最低点	MAX(数値1, [数値2], ...)			
28					
29					

③ このような場合は、**参照するセル範囲をドラッグ**して指定しなおします（または
カッコ内の引数を修正します）。続いて、［Enter］キーを押すと……、

（⇒）AP-03　セル範囲の指定

	A	B	C	D	E	F	G	H	I
1									
2		3年1組のテスト結果							
3									
4		出席番号	国語	数学	英語	合計			
5		1	56	44	77	177			
6		2	61	48	65	174			
7		3	49	69	51	169			
8		4	77	51	61	189			
9		5	65	88	72	225			
10		6	79	36	81	196			
11		7	63	49	63	175			
12		8	51	52	84	187			
13		9	89	64	60	213			
14		10	92	73	72	237			
15		11	47	61	50	158			
16		12	65	49	47	161			
17		13	71	55	61	187			
18		14	59	36	48	143			
19		15	55	82	68	205			
20		16	49	91	71	211			
21		17	44	56	59	159			
22		18	76	77	60	213			
23		19	66	46	76	188			
24		20	64	51	59	174			
25		平均点	63.90	58.90	64.25	187.05			
26		最高点	=MAX(C5:C24)						
27		最低点	MAX(数値1, [数値2], ...)						
28									
29									

ドラッグして
セル範囲を変更

セル範囲を変更してから
［Enter］キーを押す

1

2

3

4

AP

④ 指定したセル範囲内にある「最大の数値」（最大値）が表示されます。この関数も**オートフィル**でコピーできます。

（⇒）AP-04　オートフィル

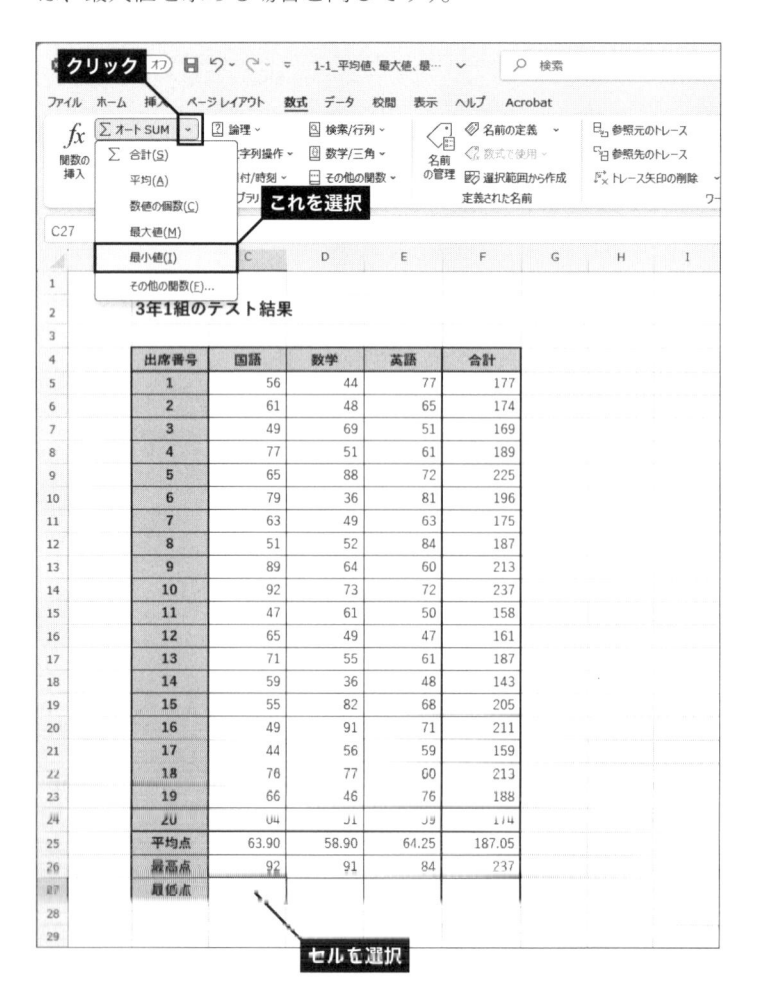

⑤ 同様に、最小値を求めるときは「**オート SUM**」の ∨ をクリックして「**最小値**」を選択します。これで最小値を求める**関数「MIN」**を入力できます（以降の操作手順は、最大値を求める場合と同じです）。

⑥ これで最大値と最小値を求めることができました。なお、今回は表が見やすくなるように、小数点以下の表示桁数を1桁に統一し、太字を指定しました。

（⇒）AP-05　表示形式の変更

3年1組のテスト結果

出席番号	国語	数学	英語	合計
1	56	44	77	177
2	61	48	65	174
3	49	69	51	169
4	77	51	61	189
5	65	88	72	225
6	79	36	81	196
7	63	49	63	175
8	51	52	84	187
9	89	64	60	213
10	92	73	72	237
11	47	61	50	158
12	65	49	47	161
13	71	55	61	187
14	59	36	48	143
15	55	82	68	205
16	49	91	71	211
17	44	56	59	159
18	76	77	60	213
19	66	46	76	188
20	64	51	59	174
平均点	63.9	58.9	64.3	187.1
最高点	92.0	91.0	84.0	237.0
最低点	44.0	36.0	47.0	143.0

小数点以下の表示を1桁に変更し、太字を指定

1.2 ヒストグラム（度数分布グラフ）の作成

　平均値、最大値、最小値は、データの全体像を知る一つの指標として活用できますが、これだけでは不十分な場合もあります。たとえば、次ページに示した例の場合、「3年1組」と「3年2組」の平均値、最大値、最小値は似たような数値になりますが、**データのばらつき**には差があるようです。

出席番号	3年1組	3年2組
1	44	60
2	48	65
3	69	47
4	51	58
5	88	81
6	36	49
7	49	52
8	52	53
9	64	72
10	73	92
11	61	37
12	49	55
13	55	52
14	36	61
15	82	75
16	91	52
17	56	53
18	77	47
19	46	61
20	51	59
平均点	58.90	59.05
最高点	91.00	92.00
最低点	36.00	37.00

数学のテスト結果

図1-2 「3年1組」と「3年2組」のテスト結果

このような場合は**ヒストグラム（度数分布グラフ）**を作成すると、データの全体像を把握しやすくなります。たとえば「3年1組」と「3年2組」についてヒストグラムを作成すると**図1-3**のようになります。

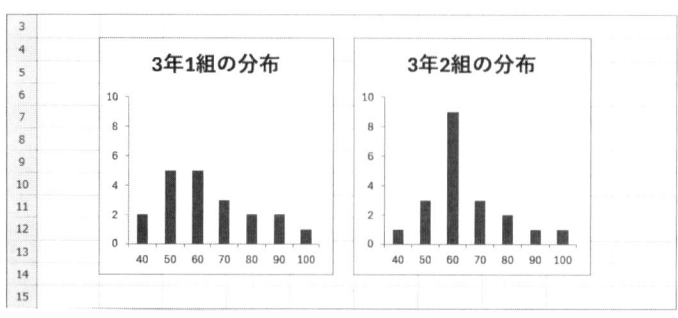

図1-3 「3年1組」と「3年2組」のヒストグラム

この図を見ると、「3年2組」の方が平均値付近にデータが集中していることを確認できます。このように、ヒストグラムは**データのばらつき**を知りたい場合に活用できます。

1.2.1 ヒストグラムの作成方法

　ヒストグラムを作成するときは、数値データを適当な範囲に分割し、それぞれの範囲内にあるデータの個数を集計していきます。続いて、この集計結果を棒グラフにすると、ヒストグラムを作成できます。

　ただし、この方法が使えるのはデータ数が少ない場合だけです。データ数が何百、何千……という規模になると、手作業で集計するのは大変な作業になりますし、データの個数を数え間違えてしまう危険性も高くなります。そこで、Excelの**分析ツール**を利用してヒストグラムを作成する方法を紹介しておきます。

1.2.2 分析ツールのアドイン

　ヒストグラムを作成するには、あらかじめ**分析ツール**をExcelに追加インストールしておく必要があります。この作業のことを**アドイン**といいます。分析ツールのアドインは、以下のように操作すると実行できます。

① Excelを起動し、［**ファイル**］**タブ**にある「**オプション**」をクリックします。
　※表示されていない場合は、「**その他**」→「**オプション**」を選択します。

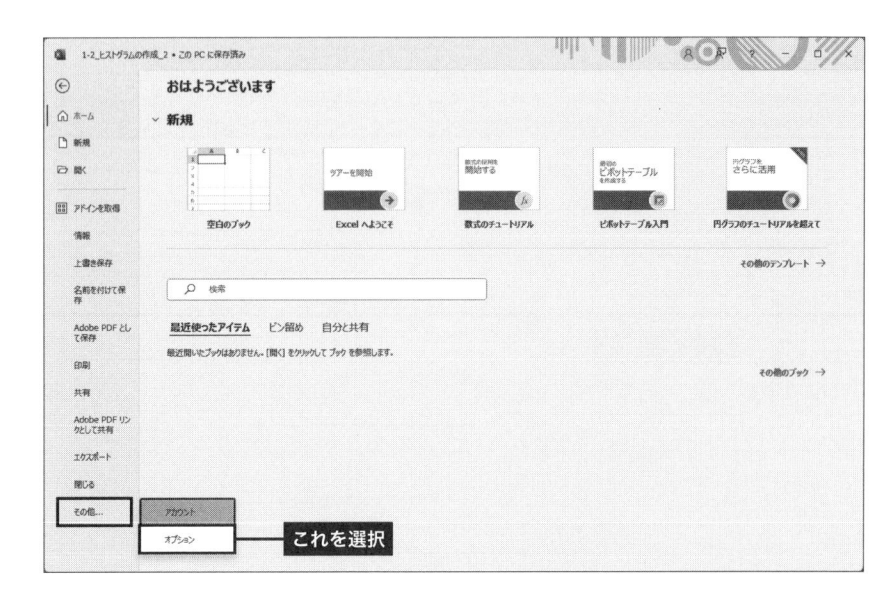

② 「**Excel のオプション**」が表示されるので、左側のメニューで「**アドイン**」を選択
します。続いて、「管理」に「**Excel アドイン**」が選択されていることを確認して
から [**設定**] ボタンをクリックします。

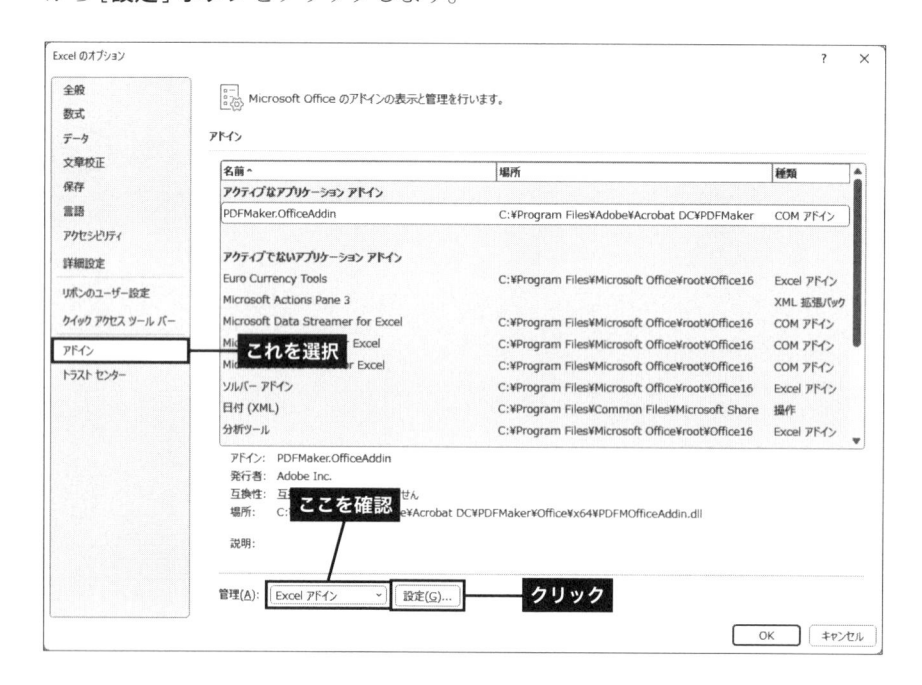

③ 追加する機能を選択する画面が表示されます。「**分析ツール**」にチェックを入れ、
[**OK**] ボタンをクリックします。

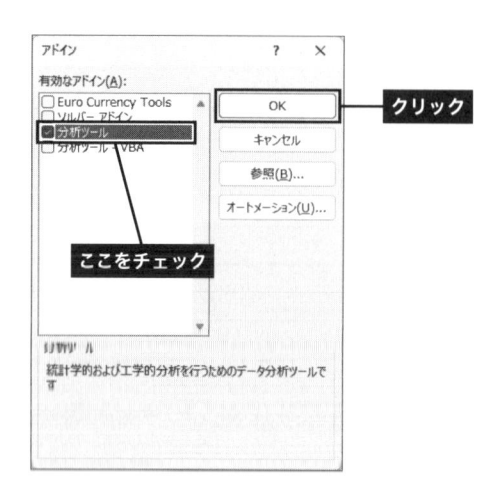

④ アドインが完了すると、［**データ**］タブに「**データ分析**」というコマンドが追加されます。以上で「分析ツール」のアドインは完了です。

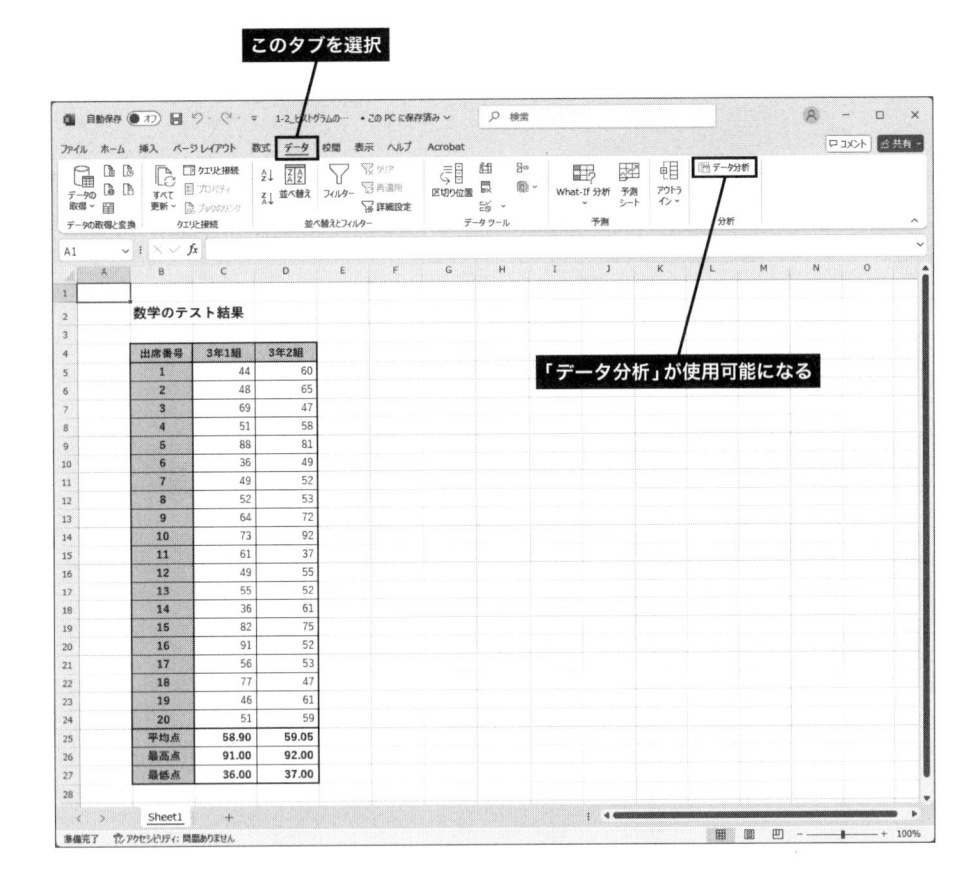

グラフ作成機能に用意されているヒストグラム

　［挿入］タブにある「統計グラフの挿入」→「ヒストグラム」を選択してヒストグラムを作成することも可能です。ただし、あまり使い勝手がよくないので、分析ツールを利用してヒストグラムを作成する方法を覚えておくことをお勧めします。分析ツールはF検定やt検定、分散分析などにも活用できるので、この機会にアドインしておくとよいでしょう。

1.2.3 Excelでヒストグラムを作成する

続いては、**ヒストグラム**を作成するときの操作手順を解説していきます。

① ヒストグラムを作成するときは、あらかじめ「数値データの分割方法」を**各範囲の最大値**で指定しておく必要があります。たとえば以下のように数値を入力すると、「〜40点」「41〜50点」「51〜60点」……「91〜100点」という具合にデータ範囲を分割できます。

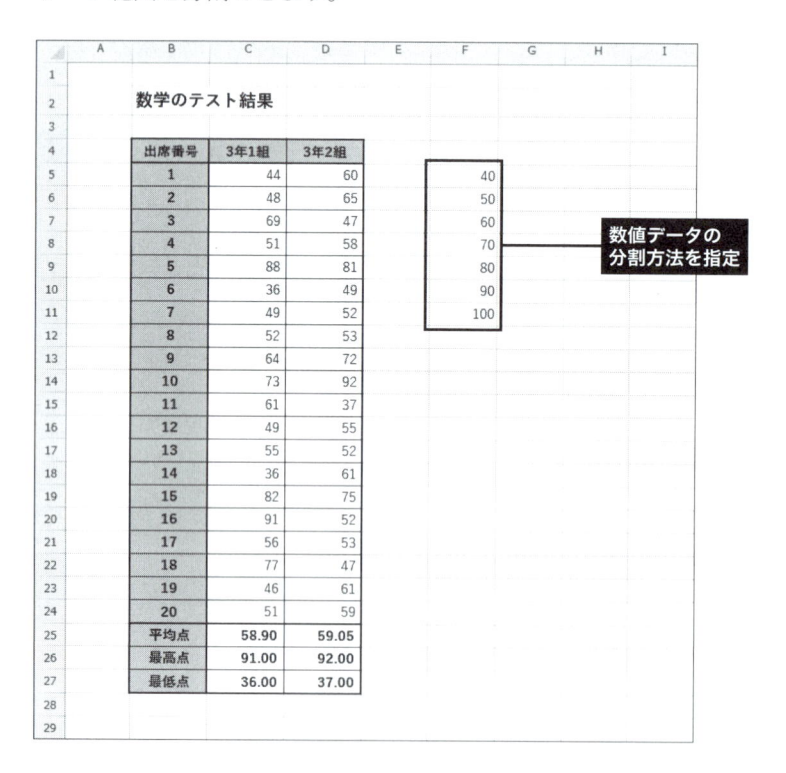

② 続いて、[**データ**]タブを選択し、「**データ分析**」をクリックします。

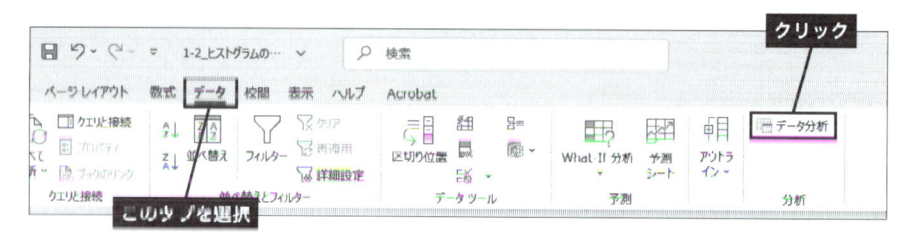

③「データ分析」が表示されるので、「**ヒストグラム**」を選択して［**OK**］ボタンをクリックします。

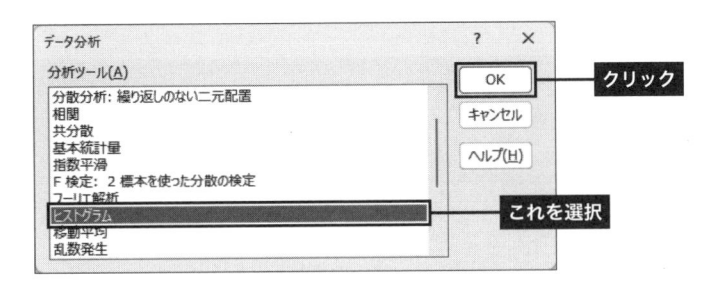

④「ヒストグラム」の設定画面が表示されます。まずは、「入力範囲」に**集計するセル範囲**を指定します。ここでは「3年1組」のヒストグラムを作成するので、そのセル範囲は「C5:C24」となります。

（⇒）AP-03　セル範囲の指定

出席番号	3年1組	3年2組
1	44	60
2	48	65
3	69	47
4	51	58
5	88	81
6	36	49
7	49	52
8	52	53
9	64	72
10	73	92
11	61	37
12	49	55
13	55	52
14	36	61
15	82	75
16	91	52
17	56	53
18	77	47
19	46	61
20	51	59
平均点	58.90	59.05
最高点	91.00	92.00
最低点	36.00	37.00

⑤ 次は、「データ区間」に**数値データの分割方法**を指定します。今回の例では、手順①で入力した「F5:F11」がそのセル範囲となります。

（⇒）AP-03　セル範囲の指定

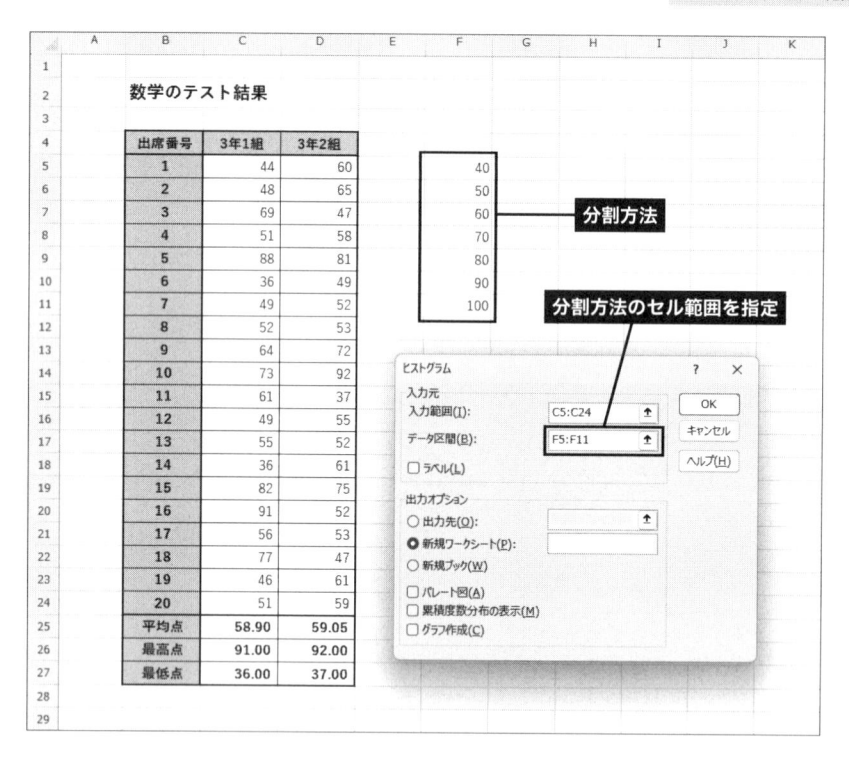

マウスのドラッグでセル範囲を指定

「入力範囲」や「データ区間」をマウスのドラッグで指定することも可能です。この場合は、各項目の右端にある▲をクリックし、ワークシート上をマウスでドラッグしてセル範囲を指定します。

⑥ 出力オプションに「**出力先**」を選択し、集計結果を表示する**先頭セル**を指定します。続いて「**グラフ作成**」にチェックを入れ、[**OK**] ボタンをクリックします。

> このセルを先頭に集計結果を出力

数学のテスト結果

出席番号	3年1組	3年2組			
1	44	60		40	
2	48	65		50	
3	69	47		60	
4	51	58		70	
5	88	81		80	
6	36	49		90	
7	49	52		100	
8	52	53			
9	64	72			
10	73	92			
11	61	37			
12	49	55			
13	55	52			
14	36	61			
15	82	75			
16	91	52			
17	56	53			
18	77	47			
19	46	61			
20	51	59			
平均点	58.90	59.05			
最高点	91.00	92.00			
最低点	36.00	37.00			

> クリック

ヒストグラム　　　? ×

入力元
入力範囲(I):　$C$5:$C$24
データ区間(B):　$F$5:$F$11
☐ ラベル(L)

> これを選択

出力オプション
◉ 出力先(O):　H4
○ 新規ワークシート(P):
○ 新規ブック(W)
☐ パレート図(A)
☐ 累積度数分布の表示(M)
☑ グラフ作成(C)

OK
キャンセル
ヘルプ(H)

> 出力先のセル番号を入力

> ここをチェック

ワークシートに集計表やヒストグラムを出力する

　出力オプションに「**新規ワークシート**」を選択すると、新しいワークシートに集計結果とヒストグラムを出力できます。「**新規ブック**」を選択した場合は、新しいExcelファイルに集計結果とヒストグラムを出力できます。

⑦ 集計結果とヒストグラムが出力されます。

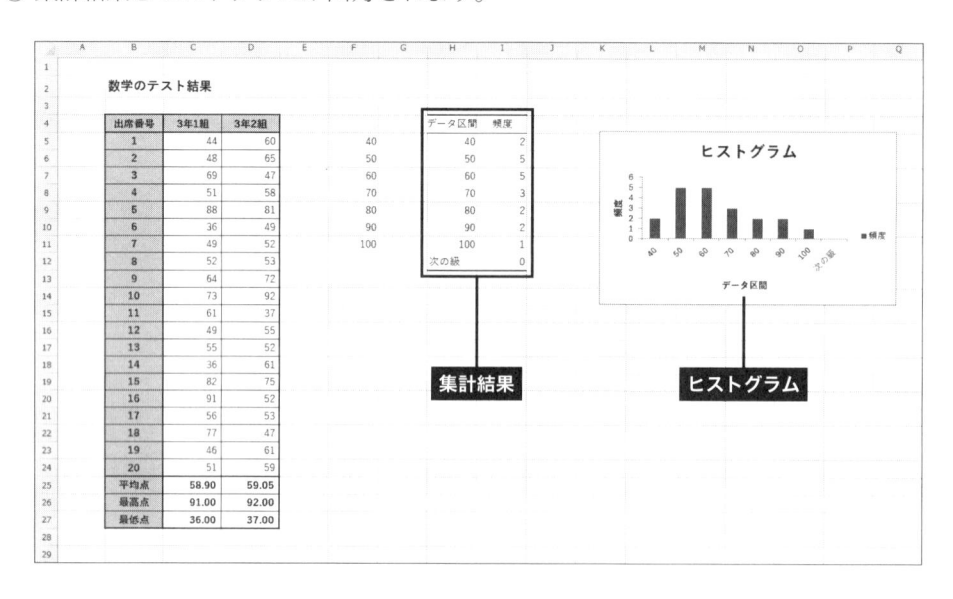

⑧ ヒストグラムの横軸には「**次の級**」というラベルが表示されています。データ範囲を適切に分割している場合、この「次の級」は不要です。グラフをクリックして選択し、集計結果の右下にある⊞を1つ上の行までドラッグします。これで「次の級」をグラフの対象外にできます。

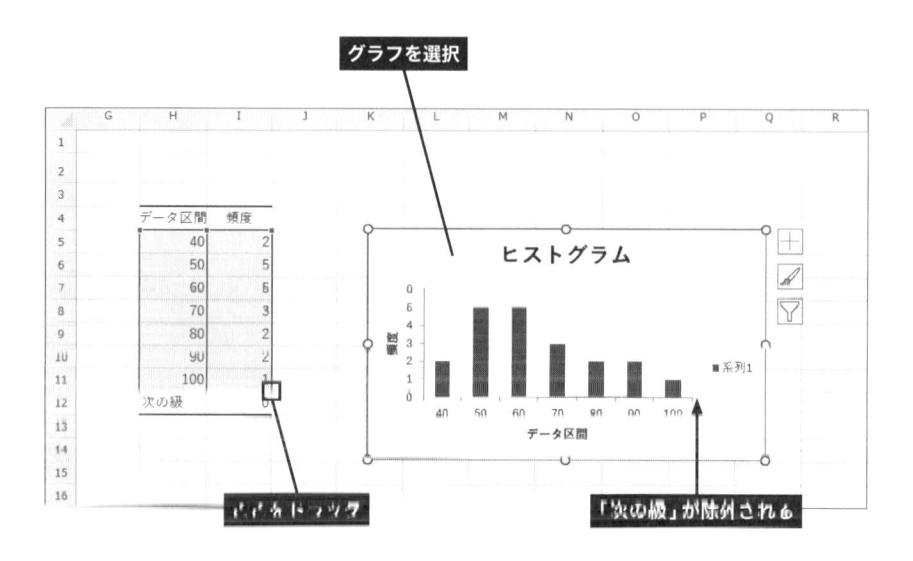

⑨ 手順②〜⑧と同様の操作を行い、「3年2組」についても集計結果とヒストグラム
を出力します。

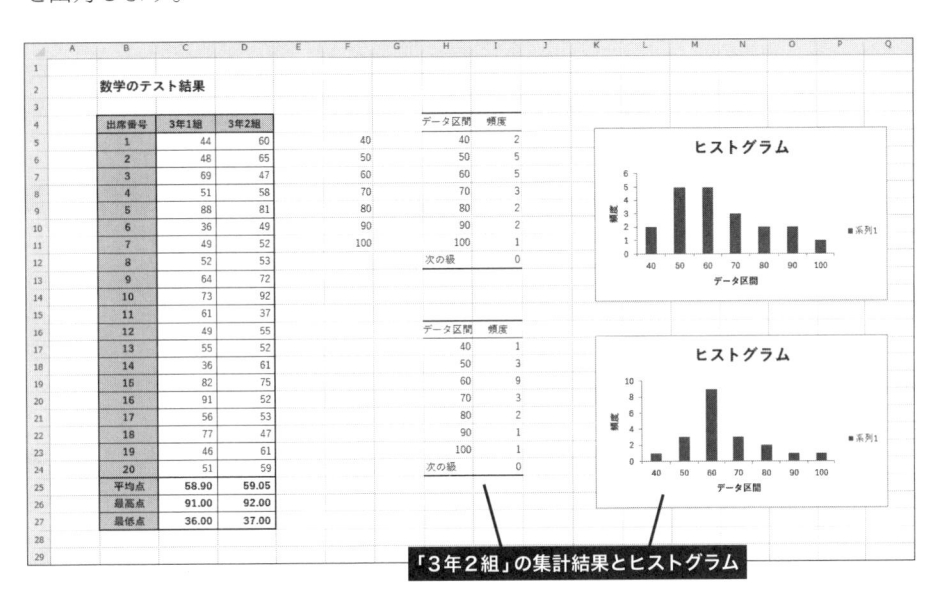

「3年2組」の集計結果とヒストグラム

⑩ 続いて、出力されたヒストグラムのサイズを調整します。グラフをクリックして
選択し、**四隅にあるハンドル**をドラッグすると、ヒストグラムのサイズを変更で
きます。また、グラフ内の余白をドラッグすると、ヒストグラムの位置を移動で
きます。

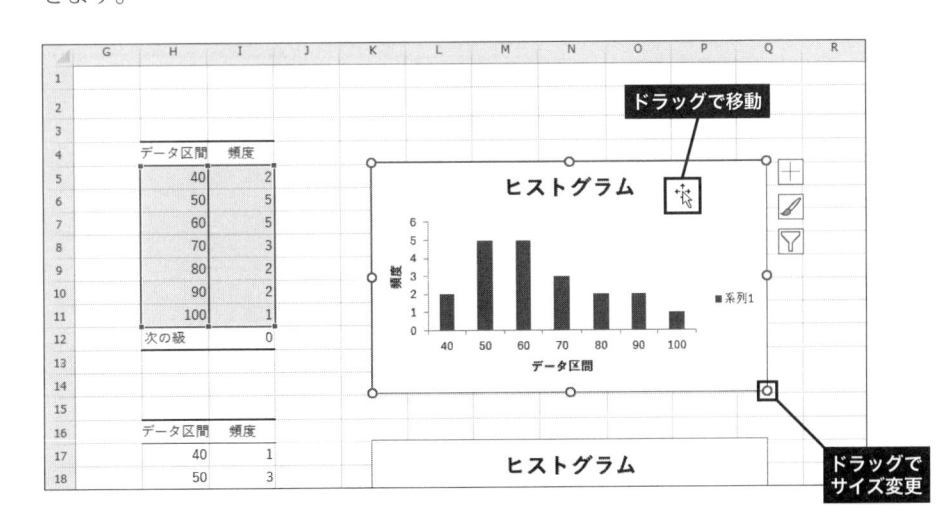

グラフのサイズを数値で指定

　ヒストグラムのサイズを数値で指定することも可能です。この場合は、グラフ（ヒストグラム）を選択した状態で［**書式**］**タブ**を選択し、「**サイズ**」に適当な数値を入力します。

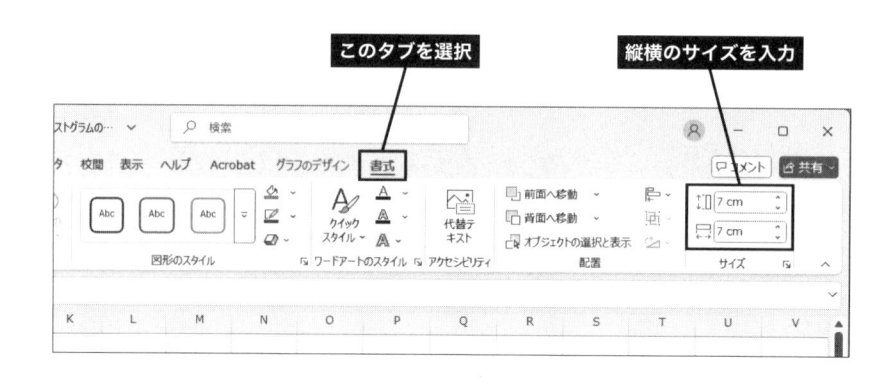

⑪ ヒストグラムを適当なサイズに変更できたら、グラフを比較しやすいように左右に並べて配置します。なお、今回の例は**縦軸の目盛の範囲**が異なるため、このままでは正しく比較できません。

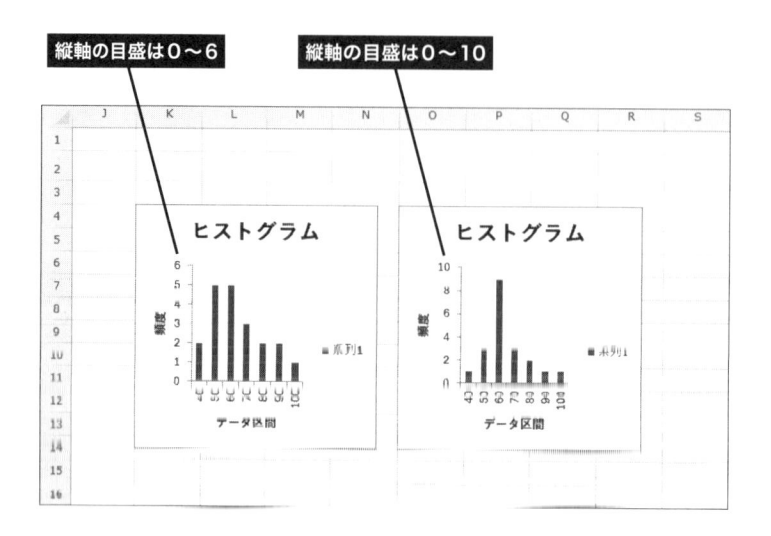

⑫ そこで、2つのヒストグラムの目盛が同じになるように調整します。「縦軸の最大値」が小さい方のヒストグラムを選択し、**縦軸をダブルクリック**します。

（⇒）AP-06　グラフの編集

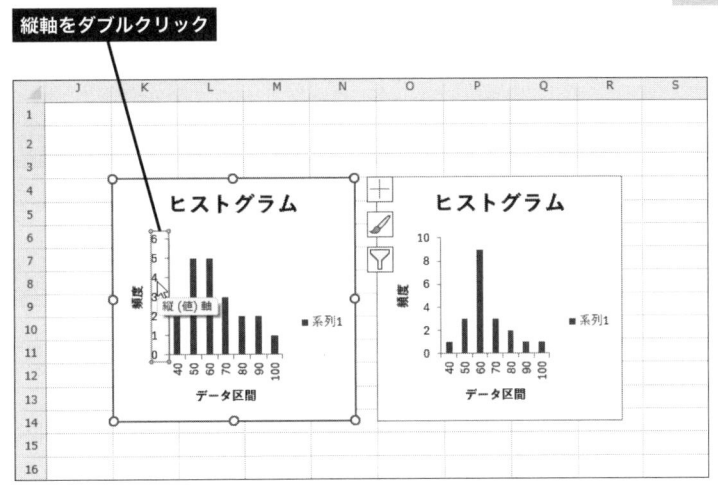

⑬ 画面右側に「**軸の書式設定**」が表示されます。もう一方のヒストグラムと目盛の範囲が揃うように「**最大値**」の値を変更します。

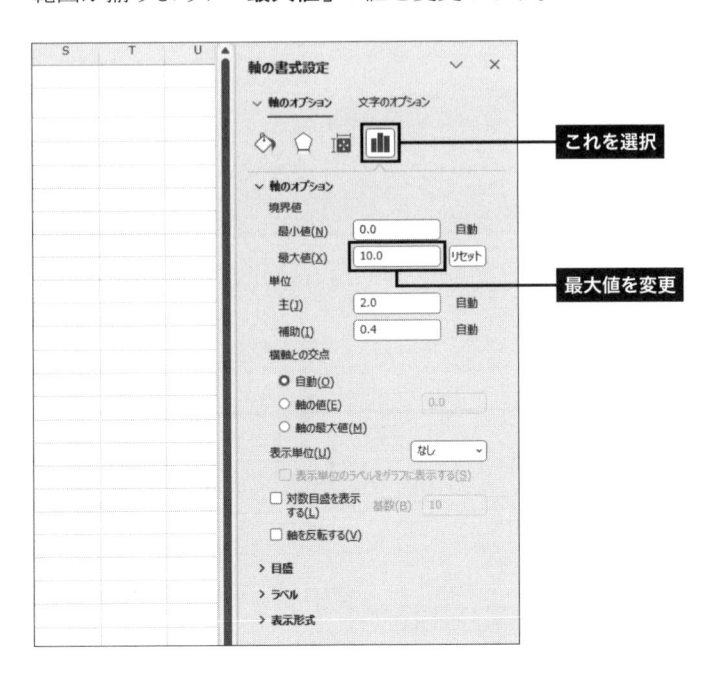

⑭ ☒ をクリックして「軸の書式設定」を閉じます。これで2つのヒストグラムを正しく比較できるようになりました。

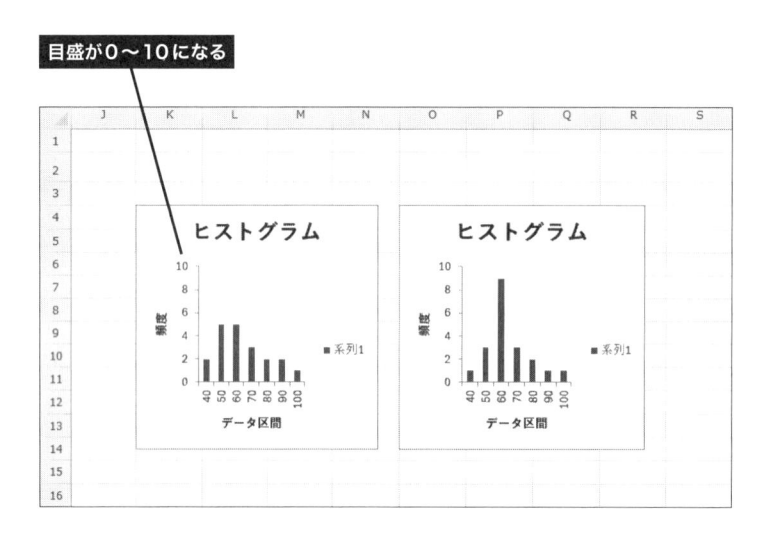

⑮ 最後に「凡例」と「軸ラベル」を削除し、「グラフ タイトル」を変更してグラフの見た目を整えます。以上でヒストグラムの作成は完了です。

（⇒）AP-06　グラフの編集

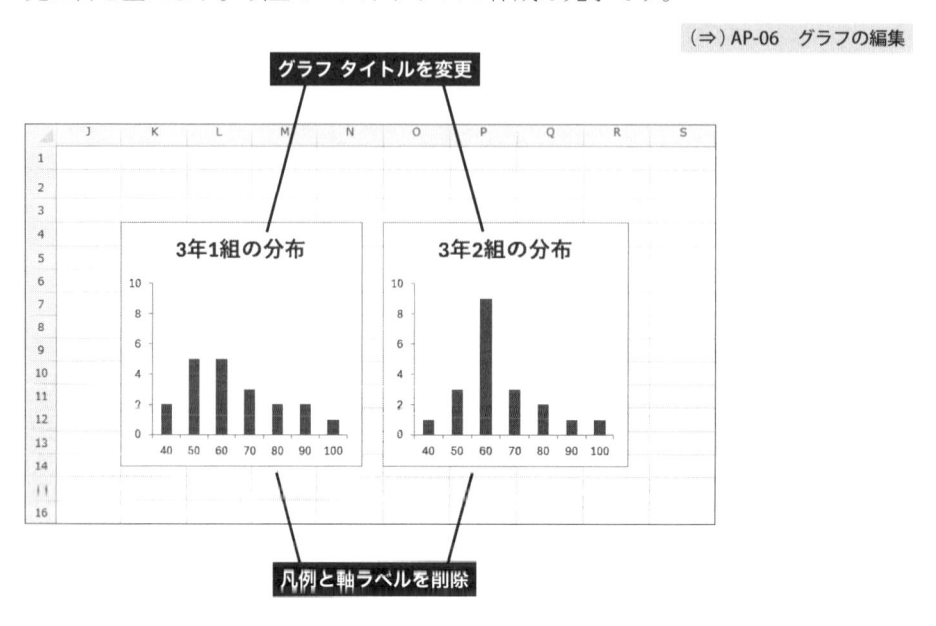

1.3　分散

　　ヒストグラムは、データのばらつきを視覚的に把握したいときに活用できるグラフです。その反面、あいまいな結果しか得られないという弱点があります。そこで、1.3節ではデータのばらつきを数値化する方法を解説します。

1.3.1　分散とは？

　　データのばらつきを数値化する最も簡単な方法は、それぞれのデータについて（値－平均値）を計算することです。そして、その結果を合計すればデータのばらつきを数値化できそうな気がします。ただし、平均値より小さいデータは（値－平均値）が負の数になるため、全データについて（値－平均値）を合計すると、その答えは必ず0になってしまいます。これではデータのばらつきを示す指標として活用できません。

　　そこで、各データの（値－平均値）を2乗して必ず正の数になるようにします。さらに、データの個数に応じて指標が変化しないように、この合計を（データの個数）で割ります。このようにして得られた指標は**分散**と呼ばれ、統計処理の基本的な指標となります。念のため、分散を求める計算式を示すと以下のようになります。

$$分散 = \frac{\sum \left(値 - 平均値 \right)^2}{データの個数} \quad （数式1\text{-}b）$$

　　たとえば、次ページの図1-4を例にすると、「3年1組」の分散は以下の計算式で求められます。

$$「3年1組」の分散 = \frac{(44 - 58.9)^2 + (48 - 58.9)^2 + (69 - 58.9)^2 + \cdots}{20}$$

	A	B	C	D	E	F	G
1							
2		数学のテスト結果					
3							
4		出席番号	3年1組	3年2組			
5		1	44	60			
6		2	48	65			
7		3	69	47			
8		4	51	58			
9		5	88	81			
10		6	36	49			
11		7	49	52			
12		8	52	53			
13		9	64	72			
14		10	73	92			
15		11	61	37			
16		12	49	55			
17		13	55	52			
18		14	36	61			
19		15	82	75			
20		16	91	52			
21		17	56	53			
22		18	77	47			
23		19	46	61			
24		20	51	59			
25		平均点	58.90	59.05			
26							
27							

図1-4 「3年1組」と「3年2組」のテスト結果

1.3.2 Excelで分散を求める（VAR.P）

　それでは、実際にExcelで**分散**を求める手順を解説していきましょう。Excelには分散を求める**関数「VAR.P」**が用意されているため、（**数式1-b**）の数式を入力しなくても簡単に分散を求められます。関数「VAR.P」の引数には「**データのセル範囲**」を指定します。

◆分散を求める関数「VAR.P」の書式

```
=VAR.P(セル範囲)
```

　ここでは、「**関数の挿入**」を使って関数「VAR.P」を入力し、分散を求める手順を紹介します。

① 分散を求めるセルを作成し、そのセルを選択します。続いて［**数式**］**タブ**を選択し、「**関数の挿入**」をクリックします。

（⇒）AP-02　関数の利用

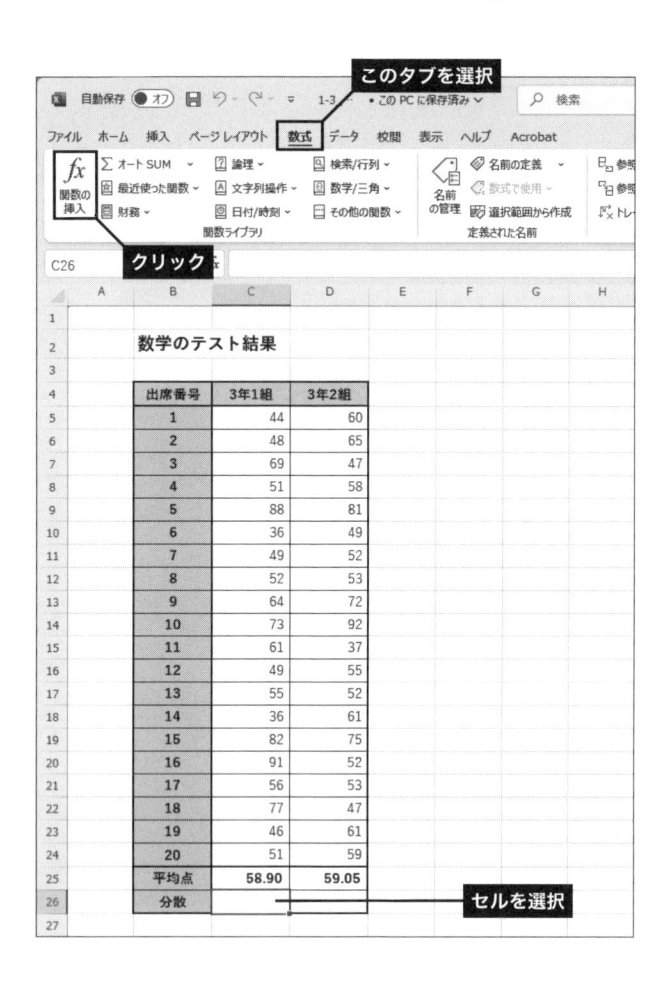

② 「関数の挿入」が表示されるので、検索欄に「**分散**」と入力し、［**検索開始**］ボタンをクリックします。

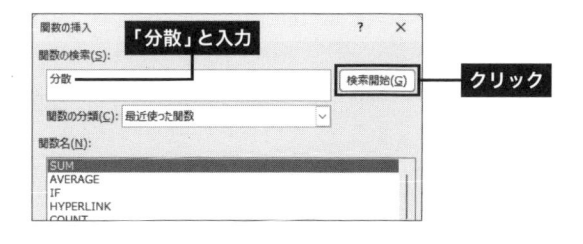

③「分散」に関連する関数が一覧表示されます。この中から**関数「VAR.P」**を選択し、[**OK**] **ボタン**をクリックします。

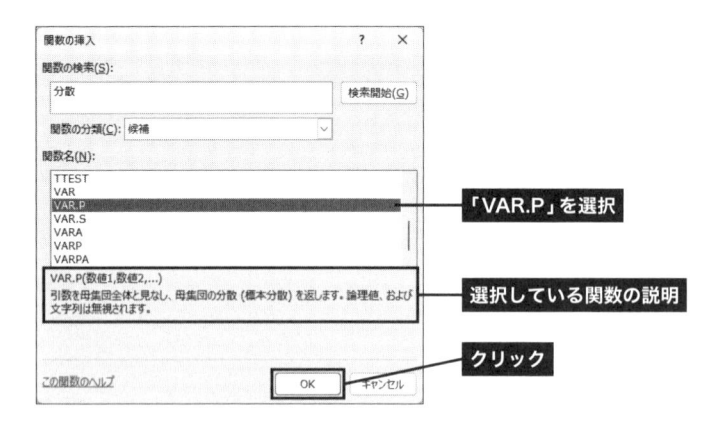

④ 関数「VAR.P」の**引数**を指定する画面が表示されます。「数値1」に分散を求めるデータのセル範囲「C5:C24」を指定し、[**OK**] **ボタン**をクリックします。このとき、⬆をクリックしてマウスのドラッグでセル範囲を指定しても構いません。

（⇒）AP-03　セル範囲の指定

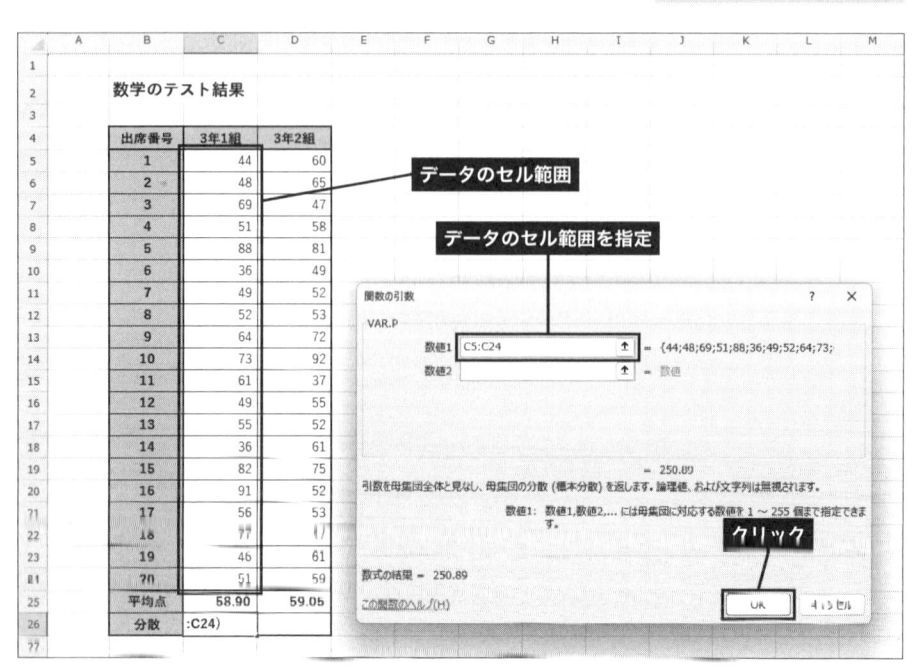

⑤ 関数「VAR.P」が入力され、セル範囲「C5:C24」の**分散**が表示されます。これが「3年1組」のテスト結果の分散となります（小数点以下2桁を表示）。

（⇒）AP-05　表示形式の変更

	A	B	C	D	E	F	G
1							
2		数学のテスト結果					
3							
4		出席番号	3年1組	3年2組			
5		1	44	60			
6		2	48	65			
7		3	69	47			
8		4	51	58			
9		5	88	81			
10		6	36	49			
11		7	49	52			
12		8	52	53			
13		9	64	72			
14		10	73	92			
15		11	61	37			
16		12	49	55			
17		13	55	52			
18		14	36	61			
19		15	82	75			
20		16	91	52			
21		17	56	53			
22		18	77	47			
23		19	46	61			
24		20	51	59			
25		平均点	58.90	59.05			
26		分散	250.89				
27							
28							

「3年1組」の分散

関数「VAR.P」を直接入力する

　ここでは「関数の挿入」を利用して関数「VAR.P」を入力しましたが、これをキーボードから直接入力しても構いません。この場合は、セルに「**=VAR.P(セル範囲)**」と入力します。たとえば、先ほど示した例の場合、「=VAR.P(C5:C24)」と入力すると「3年1組」の分散を求められます。

⑥ **オートフィル**を利用して関数「VAR.P」をコピーします。

（⇒）AP-04　オートフィル

⑦ これで「3年2組」の分散も求めることができました。この結果を見ると、「3年1組」の方が「3年2組」より**分散**が大きいことがわかります。よって、「3年1組」の方がデータのばらつきが大きいと判断できます。

1.4 標準偏差

　続いては、データのばらつきを示す指標として**標準偏差**を用いる方法を紹介します。標準偏差をExcelで算出するときは、**関数「STDEV.P」**を使用します。

1.4.1 標準偏差とは？

　1.3節では、データのばらつきを数値化する方法として**分散**を紹介しました。ただし、分散の計算式には（値−平均値）^{2}が含まれるため、値が大きくなりすぎる傾向があります。また、「データの単位」と「分散の単位」が一致しないことも問題となります。たとえば、データの単位がm（メートル）であった場合、分散の単位はm^2（平方メートル）になってしまいます。

　こういった問題を解決するために、**分散の平方根**をばらつきを示す指標として用いる場合もあります。こちらは**標準偏差**と呼ばれ、偏差値を算出する際にも利用される指標となります。

$$標準偏差 = \sqrt{分散}$$

$$= \sqrt{\frac{\sum\left(値 - 平均値\right)^2}{データの個数}} \qquad （数式1\text{-}c）$$

1.4.2 Excelで標準偏差を求める（STDEV.P）

　それでは、Excelで**標準偏差**を求める手順を解説していきましょう。Excelには標準偏差を求める**関数「STDEV.P」**が用意されています。関数「STDEV.P」の使い方は、これまでに紹介してきた関数と基本的に同じで、カッコ内（引数）に「**データのセル範囲**」を指定するだけで標準偏差を算出できます。

◆標準偏差を求める関数「STDEV.P」の書式

=STDEV.P(セル範囲)

　では、これまでと同じデータを用いて、関数「STDEV.P」の使い方を紹介していきましょう。今回は、関数を直接入力して標準偏差を求める方法を紹介します。なお、以下に示した表では分散も算出していますが、必ずしも分散を求める必要はありません。

① 標準偏差を求めるセルを作成し、そのセルを選択します。

出席番号	3年1組	3年2組
		数学のテスト結果
1	44	60
2	48	65
3	69	47
4	51	58
5	88	81
6	36	49
7	49	52
8	52	53
9	64	72
10	73	92
11	61	37
12	49	55
13	55	52
14	36	61
15	82	75
16	91	52
17	56	53
18	77	47
19	46	61
20	51	59
平均点	58.90	59.05
分散	250.89	157.55
標準偏差		

セルを選択

② セルに**関数「STDEV.P」**を入力します。ここでは「3年1組」の標準偏差を求めるので、引数のセル範囲は「C5:C24」となります。よって「=STDEV.P(C5:C24)」と入力します。

（⇒）AP-03　セル範囲の指定

	A	B	C	D	E	F	G
1							
2		数学のテスト結果					
3							
4		出席番号	3年1組	3年2組			
5		1	44	60			
6		2	48	65			
7		3	69	47			
8		4	51	58			
9		5	88	81			
10		6	36	49			
11		7	49	52			
12		8	52	53			
13		9	64	72			
14		10	73	92			
15		11	61	37			
16		12	49	55			
17		13	55	52			
18		14	36	61			
19		15	82	75			
20		16	91	52			
21		17	56	53			
22		18	77	47			
23		19	46	61			
24		20	51	59			
25		平均点	58.90	59.05			
26		分散	250.89	157.55			
27		標準偏差	=STDEV.P(C5:C24)				
28							
29							

データのセル範囲は「C5:C24」

関数「STDEV.P」を入力

③ [Enter] キーを押すと関数の入力が確定され、標準偏差が表示されます。今回の例では、「3年1組」の標準偏差は15.84になりました（小数点以下2桁を表示）。

（⇒）AP-05　表示形式の変更

20	16	91	52	
21	17	56	53	
22	18	77	47	
23	19	46	61	
24	20	51	59	
25	平均点	58.90	59.05	
26	分散	250.89	157.55	
27	標準偏差	15.84		
28				
29				

「3年1組」の標準偏差

④ **オートフィル**を利用してD27セルに関数「STDEV.P」をコピーすると、「3年2組」
の標準偏差を求められます。

（⇒）AP-04　オートフィル

出席番号	3年1組	3年2組
1	44	60
2	48	65
3	69	47
4	51	58
5	88	81
6	36	49
7	49	52
8	52	53
9	64	72
10	73	92
11	61	37
12	49	55
13	55	52
14	36	61
15	82	75
16	91	52
17	56	53
18	77	47
19	46	61
20	51	59
平均点	58.90	59.05
分散	250.89	157.55
標準偏差	15.84	12.55

数学のテスト結果

「3年2組」の標準偏差

　この場合も標準偏差の値は「3年1組」の方が大きくなります。よって、「3年1組」
の方がデータのばらつきが大きいと判断できます。

1.5　偏差値

　続いては、テスト結果の分析などによく用いられる**偏差値**を求める方法を解説し
ます。ただし、Excelには偏差値を求める関数が用意されていないため、自分で数式
を入力して偏差値を求めなければいけません。

1.5.1　偏差値の計算方法

　偏差値は、各データのポジションを相対的に示した指標となります。偏差値の算出には**平均値**と**標準偏差**を利用し、以下の数式で各データの偏差値を求めます。

$$偏差値 = \left(値 - 平均値\right) \times \frac{10}{標準偏差} + 50 \qquad （数式1\text{-}d）$$

		3年1組		3年2組	
出席番号		得点	偏差値	得点	偏差値
1		44		60	
2		48		65	
3		69		47	
4		51		58	
5		88		81	
6		36		49	
7		49		52	
8		52		53	
9		64		72	
10		73		92	
11		61		37	
12		49		55	
13		55		52	
14		36		61	
15		82		75	
16		91		52	
17		56		53	
18		77		47	
19		46		61	
20		51		59	
平均点		58.90		59.05	
分散		250.89		157.55	
標準偏差		15.84		12.55	

（数学のテスト結果）

図1-5　「3年1組」と「3年2組」のテスト結果

　たとえば、図1-5の「3年1組」の場合、平均値は58.90、標準偏差は15.84になるため、点数が77点の生徒（3年1組の出席番号18）の偏差値は、以下のように計算すると算出できます。

$$(77 - 58.9) \times \frac{10}{15.84} + 50 \fallingdotseq 61.4$$

35

偏差値の意味

　偏差値は、**平均値が50、標準偏差が10**となるようにデータ全体を調整したときに、各データがどのような数値に変換されるかを示した指標となります。データ全体が**正規分布**であった場合、偏差値と全データの関係は以下のようになります。

- ・偏差値40〜60 ……… 全データの約68%が含まれる
- ・偏差値30〜70 ……… 全データの約95%が含まれる
- ・偏差値20〜80 ……… 全データの約99%が含まれる

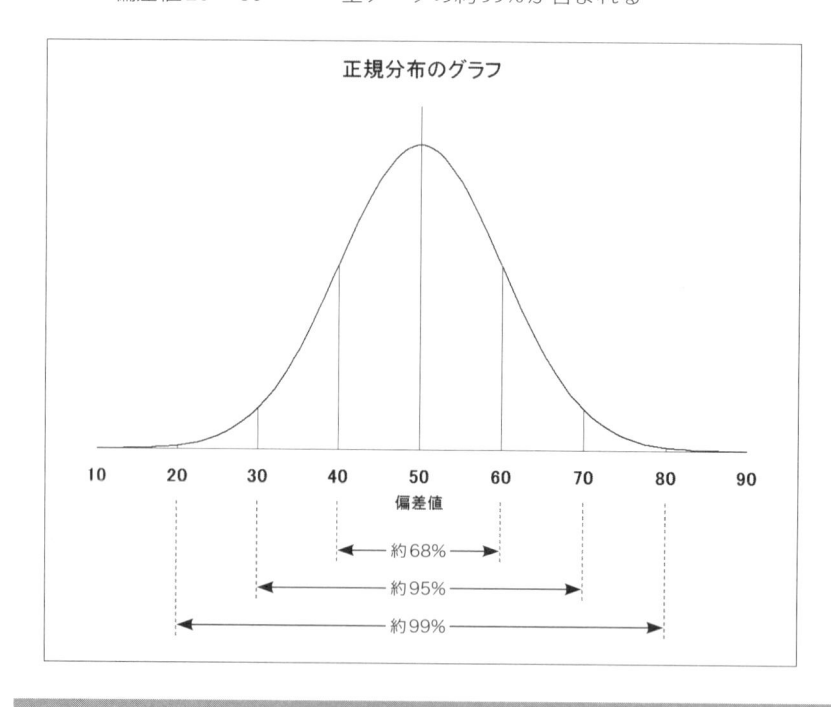

1.5.2　Excel で偏差値を求める

　Excelには偏差値を求める関数が用意されていません。よって、（**数式1-d**）を自分で入力して偏差値を求めなければいけません。この数式を入力するときは、**平均値と標準偏差を絶対参照で指定する**のが基本です。これらを普通に相対参照で指定してしまうと、オートフィルで数式をコピーしたときに正しくない数式がコピーされてしまいます。注意するようにしてください。

　以降に、**図1-5**を例にした場合の具体的な操作手順を示しておきます。Excelで偏差値を求めるときの参考としてください。

① 偏差値を求めるセルを作成し、その先頭セルを選択します。

出席番号	3年1組		3年2組	
	得点	偏差値	得点	偏差値
1	44		60	
2	48		65	
3	69		47	
4	51		58	
5	88		81	
6	36		49	
7	49		52	
8	52		53	
9	64		72	
10	73		92	
11	61		37	
12	49		55	
13	55		52	
14	36		61	
15	82		75	
16	91		52	
17	56		53	
18	77		47	
19	46		61	
20	51		59	
平均点	58.90		59.05	
分散	250.89		157.55	
標準偏差	15.84		12.55	

数学のテスト結果

セルを選択

② セルに（**数式1-d**）を入力していきます。まずは（**値−平均値**）を入力します。ここでの注意点は、オートフィルで数式をコピーした際に**平均値**のセル参照を変化させないことです。よって、平均値のセルは**絶対参照**「$C$26」で指定します。

（⇒）AP-01　数式の入力　　（⇒）AP-03　セル範囲の指定

出席番号	3年1組		3年2組	
	得点	偏差値	得点	偏差値
1	44	=(C6-$C$26)	60	
2	48		65	
3	69		47	
4	51		58	

数学のテスト結果

「平均値」は絶対参照で指定

③ 続いて、×10/**標準偏差**の部分を入力します。ここでも**標準偏差**のセル参照が変化しないように、C28セルを**絶対参照**「$C$28」で指定します。

（⇒）AP-03　セル範囲の指定

数学のテスト結果

出席番号	3年1組		3年2組	
	得点	偏差値	得点	偏差値
1	44	=(C6-$C$26)*10/$C$28		
2	48		65	
3	69		47	
4	51		58	
5	88		81	

「**標準偏差**」は絶対参照で指定

④ 最後に**50を足す**と、数式の入力が完了します。[Enter] キーを押して入力した数式を確定します。

数学のテスト結果

出席番号	3年1組		3年2組	
	得点	偏差値	得点	偏差値
1	44	=(C6-$C$26)*10/$C$28+50		
2	48		65	
3	69		47	
4	51		58	
5	88		81	

数式を入力後、
[Enter] キーを押す

⑤ 数式により算出された偏差値が表示されます。この結果を見ると、「3年1組」の44点の偏差値は40.6になることを確認できます（小数点以下1桁を表示）。

（⇒）AP-05　表示形式の変更

数学のテスト結果

出席番号	3年1組		3年2組	
	得点	偏差値	得点	偏差値
1	44	40.6	60	
2	48		65	
3	69		47	
4	51		58	
5	88		81	

偏差値が表示される

⑥ D6セルの数式を**オートフィル**でコピーします。相対参照と絶対参照を正しく使い分けていれば、この操作で「3年1組」全員の数式入力を完了できます。

（⇒）AP-04　オートフィル

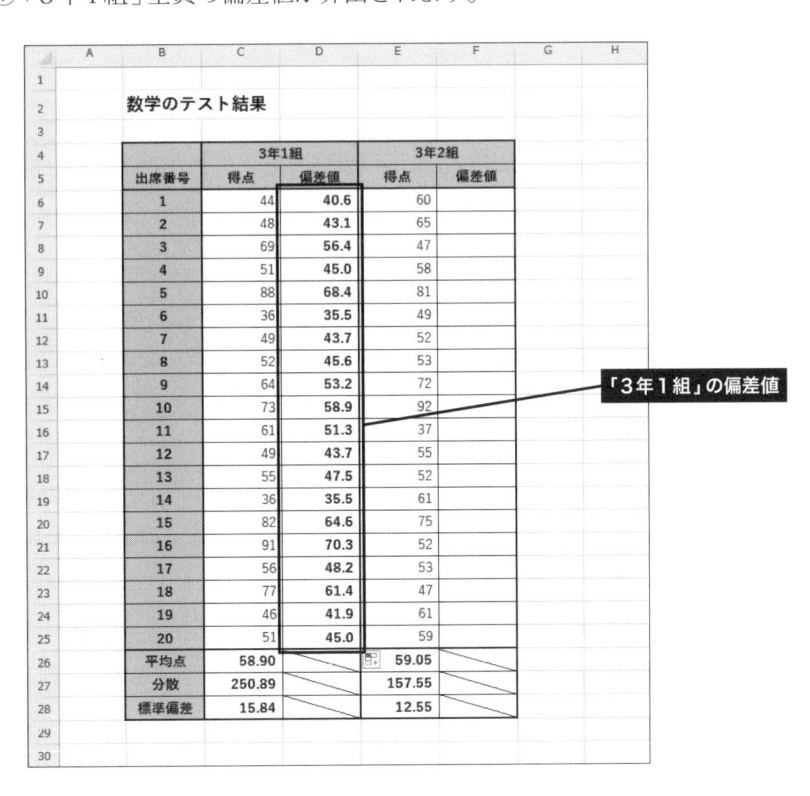

⑦「3年1組」全員の偏差値が算出されます。

	数学のテスト結果				
		3年1組		3年2組	
出席番号	得点	偏差値	得点	偏差値
1	44	40.6	60	
2	48	43.1	65	
3	69	56.4	47	
4	51	45.0	58	
5	88	68.4	81	
6	36	35.5	49	
7	49	43.7	52	
8	52	45.6	53	
9	64	53.2	72	
10	73	58.9	92	
11	61	51.3	37	
12	49	43.7	55	
13	55	47.5	52	
14	36	35.5	61	
15	82	64.6	75	
16	91	70.3	52	
17	56	48.2	53	
18	77	61.4	47	
19	46	41.9	61	
20	51	45.0	59	
平均点	58.90		59.05	
分散	250.89		157.55	
標準偏差	15.84		12.55	

「3年1組」の偏差値

⑧ 同様の手順で「3年2組」についても偏差値を求めます。「3年2組」の場合は、平均値を「$E$26」、標準偏差を「$E$28」で参照した数式を入力します。

		3年1組		3年2組	
出席番号	得点	偏差値	得点	偏差値	
1	44	40.6	60	50.8	
2	48	43.1	65	54.7	
3	69	56.4	47	40.4	
4	51	45.0	58	49.2	
5	88	68.4	81	67.5	
6	36	35.5	49	42.0	
7	49	43.7	52	44.4	
8	52	45.6	53	45.2	
9	64	53.2	72	60.3	
10	73	58.9	92	76.3	← 「3年2組」の偏差値
11	61	51.3	37	32.4	
12	49	43.7	55	46.8	
13	55	47.5	52	44.4	
14	36	35.5	61	51.6	
15	82	64.6	75	62.7	
16	91	70.3	52	44.4	
17	56	48.2	53	45.2	
18	77	61.4	47	40.4	
19	46	41.9	61	51.6	
20	51	45.0	59	50.0	
平均点	58.90		59.05		
分散	250.89		157.55		
標準偏差	15.84		12.55		

1.5.3 離れたセル範囲の平均値、標準偏差を求める

　先ほどの例を見ると、「3年1組」の49点（出席番号7と12）は偏差値43.7、「3年2組」の49点（出席番号6）は偏差値42.0になっているのを確認できます。このように、同じ49点でもクラスによって偏差値が異なるのは、**クラスごとに平均値や標準偏差を求めている**ことが原因です。

　テスト問題が同じであった場合、このような比較方法は適切とはいえません。**全クラス共通の平均値、標準偏差を求め**、その数値から偏差値を算出するのが基本です。続いては、離れたセル範囲に入力されているデータから平均値、標準偏差を求める方法を紹介します。

① 今回も、これまでと同じデータを使って操作手順を解説していきます。まずは、**全クラス共通の平均点**を求めます。「全クラスの平均点」を求めるセルを作成し、そのセルを選択します。

	A	B	C	D	E	F	G	H
1								
2		数学のテスト結果						
3								
4			3年1組		3年2組			
5		出席番号	得点	偏差値	得点	偏差値		
6		1	44		60			
7		2	48		65			
8		3	69		47			
9		4	51		58			
10		5	88		81			
11		6	36		49			
12		7	49		52			
13		8	52		53			
14		9	64		72			
15		10	73		92			
16		11	61		37			
17		12	49		55			
18		13	55		52			
19		14	36		61			
20		15	82		75			
21		16	91		52			
22		17	56		53			
23		18	77		47			
24		19	46		61			
25		20	51		59			
26		平均点	58.90		59.05			
27								
28		全クラスの平均点						
29		全クラスの標準偏差						
30								

セルを選択

② 平均値を求める**関数「AVERAGE」**を入力します。集計するセル範囲が複数ある場合は、それぞれのセル範囲を「**,**」（**カンマ**）で区切って指定します。今回の例では「C6:C25」と「E6:E25」という2つのセル範囲について平均値を求めるため、「=AVERAGE(C6:C25,E6:E25)」と入力します。

（⇒）AP-03　セル範囲の指定

	B	C	D	E	F	
23	18	77		47		
24	19	46		61		
25	20	51		59		
26	平均点	58.90		59.05		
27						
28	全クラスの平均点	=AVERAGE(C6:C25,E6:E25)				
29	全クラスの標準偏差					
30						

セル範囲を「**,**」で区切って列記

③ これで全クラス共通の平均値を求めることができました。続いて、**全クラス共通の標準偏差**を求めます。

	A	B	C	D	E	F	G	H
1								
2		数学のテスト結果						
3								
4			3年1組		3年2組			
5		出席番号	得点	偏差値	得点	偏差値		
6		1	44		60			
7		2	48		65			
8		3	69		47			
9		4	51		58			
10		5	88		81			
11		6	36		49			
12		7	49		52			
13		8	52		53			
14		9	64		72			
15		10	73		92			
16		11	61		37			
17		12	49		55			
18		13	55		52			
19		14	36		61			
20		15	82		75			
21		16	91		52			
22		17	56		53			
23		18	77		47			
24		19	46		61			
25		20	51		59			
26		平均点	58.90		59.05			
27								
28		全クラスの平均点		58.98				
29		全クラスの標準偏差						
30								
31								

全クラス共通の平均値

セルを選択

④ 標準偏差を求める**関数「STDEV.P」**も、セル範囲を「,」（カンマ）で区切って列記できます。今回の例では「=STDEV.P(C6:C25,E6:E25)」と入力すると、全クラス共通の標準偏差を求められます。

	B	C	D	E
20	15	82		75
21	16	91		52
22	17	56		53
23	18	77		47
24	19	46		61
25	20	51		59
26	平均点	58.90		59.05
27				
28	全クラスの平均点		58.98	
29	全クラスの標準偏差	=STDEV.P(C6:C25,E6:E25)		
30				
31				

セル範囲を「,」で区切って列記

⑤ これで全クラス共通の平均値と標準偏差を求めることができました。続いて、この平均値と標準偏差を利用して各データの**偏差値**を計算していきます。D6セルを選択します。

	A	B	C	D	E	F	G	H
1								
2		数学のテスト結果						
3								
4			3年1組		3年2組			
5		出席番号	得点	偏差値	得点	偏差値		
6		1	44		60			
7		2	48		65			
8		3	69		47			
9		4	51		58			
10		5	88		81			
11		6	36		49			
12		7	49		52			
13		8	52		53			
14		9	64		72			
15		10	73		92			
16		11	61		37			
17		12	49		55			
18		13	55		52			
19		14	36		61			
20		15	82		75			
21		16	91		52			
22		17	56		53			
23		18	77		47			
24		19	46		61			
25		20	51		59			
26		平均点	58.90		59.05			
27								
28		全クラスの平均点		58.98				
29		全クラスの標準偏差		14.29				
30								
31								

セルを選択

全クラス共通の標準偏差

⑥ 今回の例では、偏差値を求める数式は以下のようになります。このとき、**平均値と標準偏差を絶対参照で指定する**のを忘れないようにしてください。

	A	B	C	D	E	F	G	H
1								
2		数学のテスト結果						
3								
4			3年1組		3年2組			
5		出席番号	得点	偏差値	得点	偏差値		
6		1	44	=(C6-$D$28)*10/$D$29+50				
7		2	48		65			
8		3	69		47			
9		4	51		58			
10		5	88		81			
11		6	36		49			

「平均値」と「標準偏差」を
絶対参照で指定

⑦ **オートフィル**を利用して数式を他のセルにコピーします。

（⇒）AP-04　オートフィル

	A	B	C	D	E	F	G	H
1								
2		数学のテスト結果						
3								
4				3年1組		3年2組		
5		出席番号	得点	偏差値	得点	偏差値		
6		1	44	39.5	60			
7		2	48		65			
8		3	69		47			
9		4	51		58			
10		5	88		81			
11		6	36		49			

オートフィルで数式をコピー

⑧「3年2組」についても同様の手順で偏差値を算出します。もちろん、この場合も全クラス共通の平均値、標準偏差を絶対参照で指定する必要があります。

	A	B	C	D	E	F	G	H
1								
2		数学のテスト結果						
3								
4				3年1組		3年2組		
5		出席番号	得点	偏差値	得点	偏差値		
6		1	44	39.5	60	50.7		
7		2	48	42.3	65	54.2		
8		3	69	57.0	47	41.6		
9		4	51	44.4	58	49.3		
10		5	88	70.3	81	65.4		
11		6	36	33.9	49	43.0		
12		7	49	43.0	52	45.1		
13		8	52	45.1	53	45.8		
14		9	64	53.5	72	59.1		
15		10	73	59.8	92	73.1		
16		11	61	51.4	37	34.6		
17		12	49	43.0	55	47.2		
18		13	55	47.2	52	45.1		
19		14	36	33.9	61	51.4		
20		15	82	66.1	75	61.2		
21		16	91	72.4	52	45.1		
22		17	56	47.9	53	45.8		
23		18	77	62.6	47	41.6		
24		19	46	40.9	61	51.4		
25		20	51	44.4	59	50.0		
26		平均点	58.90		59.05			
27								

偏差値は同じ値

　この結果を見ると、「3年1組」と「3年2組」の49点は、いずれも偏差値43.0になっているのを確認できます。もちろん、他の点数もクラスに関係なく同じ基準（平均値、標準偏差）で偏差値が算出されます。

第 2 章

標本調査における平均値の信頼区間

第2章では、**サンプル調査**の結果から**全体の平均値を推測する方法**を解説します。サンプル調査では「調査結果の平均値」が必ずしも「全体の平均値」と一致するとは限りません。むしろ、多少の誤差を含んでいるのが普通です。このため、統計学を利用して「全体の平均値」を推測する必要があります。

2.1 母集団と標本

統計学では、調査対象となる全体像のことを**母集団**と呼びます。これに対して、実際に調査した対象は**標本**と呼びます。まずは、母集団と標本の関係、ならびに**標本平均、標本分散**について解説します。

2.1.1 標本調査とは？

第1章では、テスト結果を例に統計処理の基本を解説しました。このように調査対象となるデータをすべて入手できる調査のことを**全数調査**といいます。一方、調査内容によってはすべてのデータを入手できない場合もあります。

たとえば、アンケート調査の場合、対象となる人全員からアンケート結果を回収しない限り、全数調査とはいえません。数十人程度のアンケートであれば全数調査も可能ですが、何百人、何千人、何万人、……という規模になると、現実問題として全員からアンケート結果を回収するのは不可能です。同様に、製品の安全性を調べる破壊検査も全データの入手が不可能です。この場合、製作した製品をすべて破壊しないと全データを入手できません。でも、これでは販売する製品がなくなってしまいますね。

このようにすべての調査対象を調べることが現実的に不可能な場合は、一部のサンプルを取り出し、そのサンプルについて調査を行います。このような調査のことを**リンプル調査**または**標本調査**と呼びます。また、実際に調査したサンプルのことを**標本**、調査対象全体のことを**母集団**と呼びます。

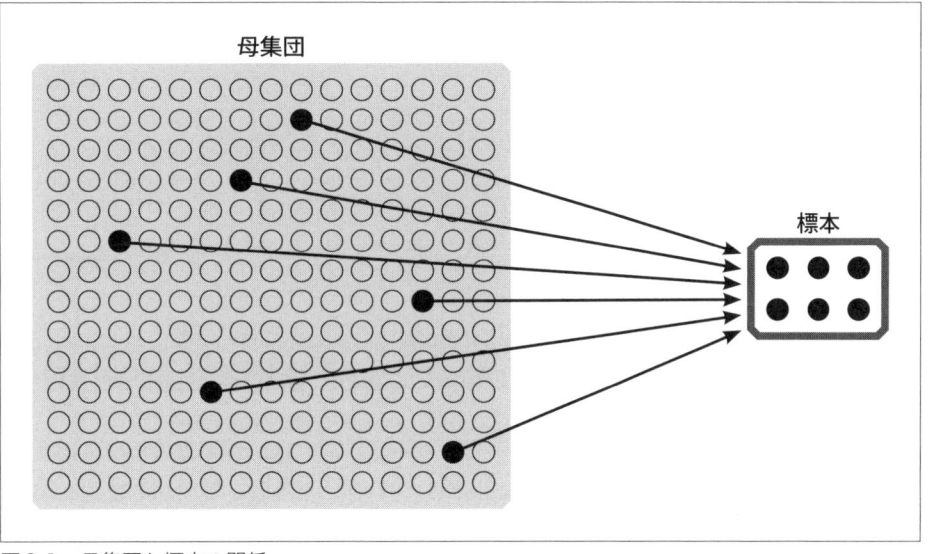

図2-1　母集団と標本の関係

　標本調査におけるポイントは、「標本から得た結果をもとに全体像を推測すること」です。言い換えると、**「標本から得られた結果はどれだけ信頼性があるか？」**となります。もちろん、的確な推測を行うには標本を無作為（ランダム）に抽出する必要があります。実際にデータを処理する際は、標本の抽出方法にも十分注意するようにしてください。

2.1.2　標本平均と標本分散

　続いては、標本調査の指標となる「標本平均」と「標本分散」について解説します。**標本平均**とは、標本調査から得られた結果の平均値のことです。その計算方法は第1章で紹介した方法と同じで、数式で示すと以下のようになります。

$$標本平均 = \frac{サンプルデータの合計}{サンプルデータの個数} \qquad （数式2\text{-}a）$$

標本分散は、標本調査から得た結果の分散となります。こちらも計算方法に変わりはなく、以下の数式で算出できます。

$$標本分散 = \frac{\sum\left(サンプルデータの値 - 標本平均\right)^2}{サンプルデータの個数} \qquad (数式2\text{-}b)$$

2.1.3 Excelで標本平均と標本分散を求める（AVERAGE、VAR.P）

　それでは、Excelで**標本平均**と**標本分散**を求める手順を解説していきましょう。これらの計算方法は通常の平均値、分散と同じなので、**関数「AVERAGE」**と**関数「VAR.P」**を利用するだけで標本平均、標本分散を求められます。

　ここでは、ある養鶏場で採れた卵の重さ（g）を例に操作手順を解説していきます。この養鶏場では毎日数十万個の卵が産卵されるため、そのすべてについて卵の重さを調べることはできません。そこで、無作為に抽出した10個の卵をサンプルデータとして全体像を推測していきます。

① まずは**標本平均**から求めていきます。標本平均を求めるセルに**関数「AVERAGE」**を入力し、その引数にサンプルデータのセル範囲を指定します。

（⇒）1.1.2　Excelで平均値を求める（AVERAGE）

② これで標本平均を求めることができました。続いて**標本分散**を求めます。標本分散を求めるセルに**関数「VAR.P」**を入力し、その引数にサンプルデータのセル範囲を指定します。

（⇒）1.3.2　Excelで分散を求める（VAR.P）

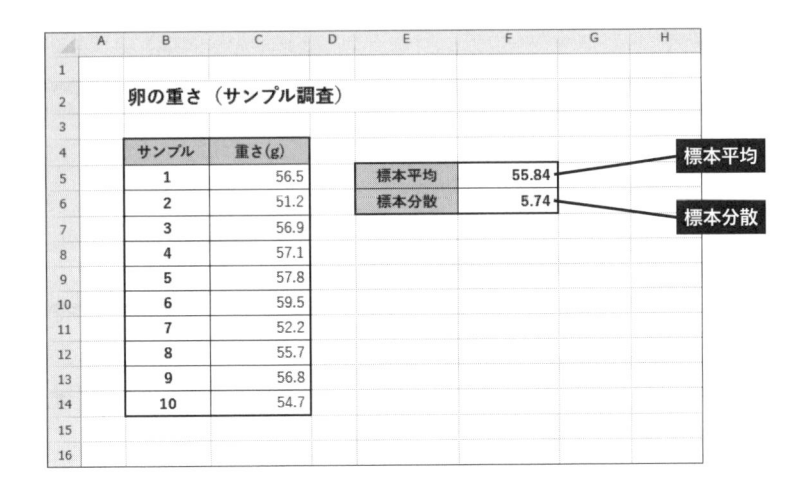

③ 標本分散の計算結果が表示されます。以上で、標本平均と標本分散の算出は完了です。この結果を見ると、標本平均は55.84（g）、標本分散は5.74であることが確認できました（いずれも小数点以下2桁を表示）。

2.2 標本平均と母平均

　サンプルデータから算出した**標本平均**は、あくまで「標本の平均」でしかありません。それに対して、実際に知りたい値は「母集団の平均」、すなわち**母平均**となるのが一般的です。続いては、標本平均と母平均の関係について考察していきます。

2.2.1 標本平均と母平均の関係

　ここでは、母集団のデータ数を100個として考察を進めていきます。この100個のデータを10等分し、それぞれのグループを標本①〜⑩として考えると、「母集団」と「標本」の関係を把握しやすくなります。

　まずは**図2-2**を見てください。この表を見ると、①〜⑩の**標本平均**の値に差があることに気付くと思います。

サンプル	標本①	標本②	標本③	標本④	標本⑤	標本⑥	標本⑦	標本⑧	標本⑨	標本⑩
1	157	155	153	135	148	148	144	156	149	160
2	145	142	154	149	154	155	160	151	159	149
3	152	164	140	151	161	155	154	161	151	148
4	155	144	147	141	148	149	165	151	149	145
5	150	150	150	147	144	164	138	149	143	149
6	153	160	151	160	146	156	156	152	138	146
7	153	163	155	144	156	156	153	154	166	154
8	155	161	141	154	144	140	140	142	158	151
9	150	158	150	149	148	155	154	148	157	159
10	151	151	137	147	161	138	142	152	153	157
標本平均	152.10	154.80	147.80	147.70	151.00	151.60	150.60	151.60	152.30	151.80
標本分散	10.29	54.56	36.16	42.61	38.40	56.64	74.24	22.64	60.21	26.16

母集団と標本

母集団の平均	151.13		標本平均の平均	151.13

図2-2　標本平均と母平均

　では、「①〜⑩の標本平均」をさらに平均するとどうなるでしょうか？　この結果は151.13になり、母集団（100個のデータ）の平均値とピッタリ一致します。つまり、それぞれの標本平均には多少の差があるものの、理論上は「母集団の平均値と一致するはず」と考えられます。よって、統計学では標本平均を**「仮の平均値」**として推測を進めていきます。

もちろん、実際の標本調査では全データを入手できません（入手可能な場合は全数調査になるため、母集団の平均値を推測する必要はありません）。実際に入手できるのは標本①〜⑩のいずれか1つだけです。仮に標本⑤を入手したとすると、その標本平均は151.00になるので、「仮の平均値」も151.00であると考えます。

2.3 不偏分散

続いては「母集団の分散」、すなわち母分散について考察していきます。統計学では、標本分散をそのまま母分散として使用するのではなく、不偏分散を「母分散の推定値」とするのが一般的です。

2.3.1 標本分散と母分散の関係

今度は、標本分散と母分散の関係を見ていきましょう。以下に示した図は、図2-2に「母集団の分散」（母分散）を追加したものです。さらに、①〜⑩の標本分散について、その平均値を算出しています。

母集団と標本

サンプル	標本①	標本②	標本③	標本④	標本⑤	標本⑥	標本⑦	標本⑧	標本⑨	標本⑩
1	157	155	153	135	148	148	144	156	149	160
2	145	142	154	149	154	155	160	151	159	149
3	152	164	140	151	161	155	154	161	151	148
4	155	144	147	141	148	149	165	151	149	145
5	150	150	150	147	144	164	138	149	143	149
6	153	160	151	160	146	156	156	152	138	146
7	153	163	155	144	156	156	153	154	166	154
8	155	161	141	154	144	140	140	142	158	151
9	150	158	158	149	148	155	154	148	157	159
10	151	151	137	147	161	138	142	152	153	157
標本平均	152.10	154.80	147.80	147.70	151.00	151.60	150.60	151.60	152.30	151.80
標本分散	10.29	54.56	36.16	42.61	38.40	56.64	74.24	22.64	60.21	26.16

母集団の平均	151.13
母集団の分散	46.17

標本平均の平均	151.13
標本分散の平均	42.19

図2-3 標本分散と母分散

この例を見ると、「母集団の分散」が46.17であるのに対し、「標本分散の平均」は42.19になっていることに気付くと思います。このように、標本分散は母分散より小さくなる傾向があります。よって、標本分散をそのまま母分散として利用するのは適切ではありません。そこで、標本調査では**不偏分散**という指標を「**母分散の推定値**」として利用します。

2.3.2 不偏分散とは？

　不偏分散は以下の数式により算出される値で、母集団のばらつきを示す指標として利用されます。

$$不偏分散 = \frac{\sum \left(サンプルデータの値 - 標本平均 \right)^2}{サンプルデータの個数 - 1} \qquad （数式2\text{-}c）$$

　標本分散の数式（数式2-b）と比較すると、分母が「**サンプルデータの個数−1**」に置き換えられていることに気付くと思います。その結果、不偏分散は標本分散より少し大きな値になり、理論上は母分散に近づきます。

　「なぜ分母を（サンプルデータの個数−1）にするのか？」を証明するには、かなりの数学力を必要とするため、本書では詳しい解説を省略します。気になる方は統計学の専門書などで調べてみてください。ここでは、**不偏分散を「母集団の分散」（推定値）として利用する**と覚えおけば十分です。

2.3.3 Excelで不偏分散を求める（VAR.S）

　それでは、Excelを使って不偏分散を求めてみましょう。Excelには、不偏分散を求める**関数「VAR.S」**が用意されているため、（**数式2-c**）を入力しなくても不偏分散を算出できます。

◆不偏分散を求める関数「VAR.S」の書式

=VAR.S(セル範囲)

　ここでは、P48と同じ「卵の重さ」を調べたサンプル調査を例に、不偏分散を求める手順を解説します。

① **不偏分散**を求めるセルを作成し、そのセルに**関数「VAR.S」**を入力します。引数にはサンプルデータのセル範囲「C5:C14」を指定します。

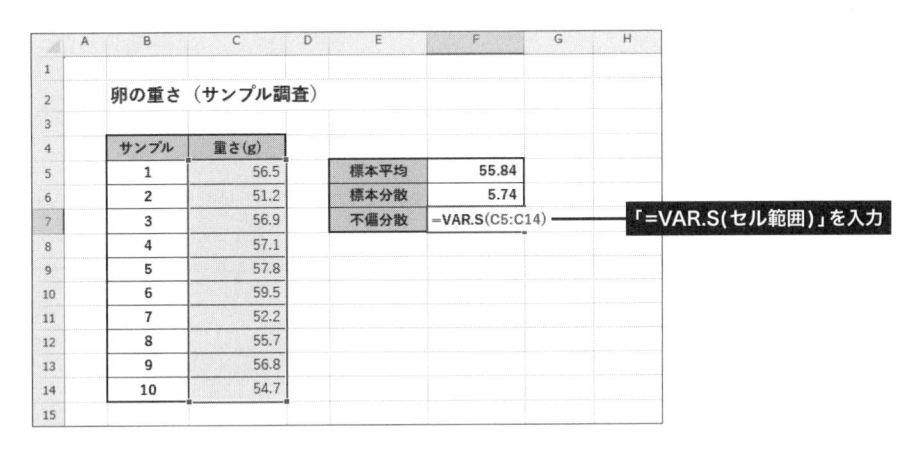

② 不偏分散が算出されます。今後は、この値を「**母分散の推定値**」として利用します。

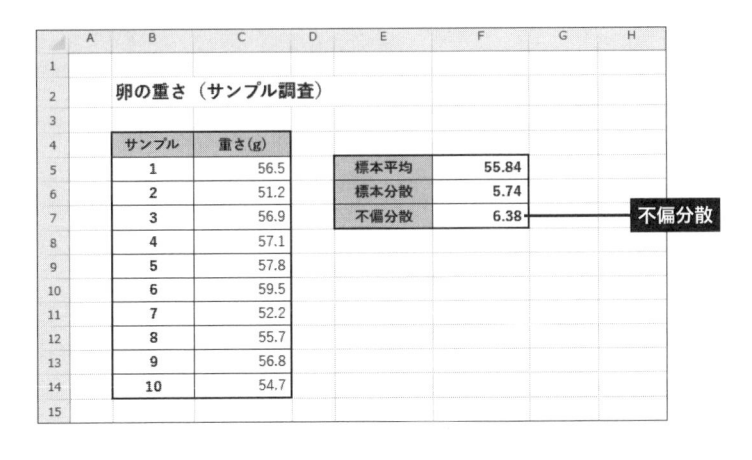

2.4 平均値の信頼区間

　ここからは、第2章の本題である**平均値**について考察していきます。前にも述べたように、**標本平均**と**母平均**は必ずしも一致するとは限りません。むしろ、多少の誤差を含んでいるのが普通です。そこで、「標本平均にはどれくらいの誤差が含まれているか？」を統計学的に計算する方法を解説します。

2.4.1 95%信頼区間と99%信頼区間

　標本調査では、母集団の全データを入手することができません。よって、正確な平均値を求めることは不可能です。そこで、**95%信頼区間**という手法で平均値の範囲を推測するのが一般的です。

・平均値の95%信頼区間とは？
　○○〜○○の範囲に母集団の平均（母平均）が95%の確率で含まれる

　少し回りくどい表現ですが、要は標本から算出した標本平均にある程度の幅をもたせてあげる訳です。そして、この幅の中に確率95%で本当の平均値（母平均）が含まれる、と考えます。もちろん確率95%ですので完璧ではありません。20回に1回は例外もある、というレベルの信頼性です。

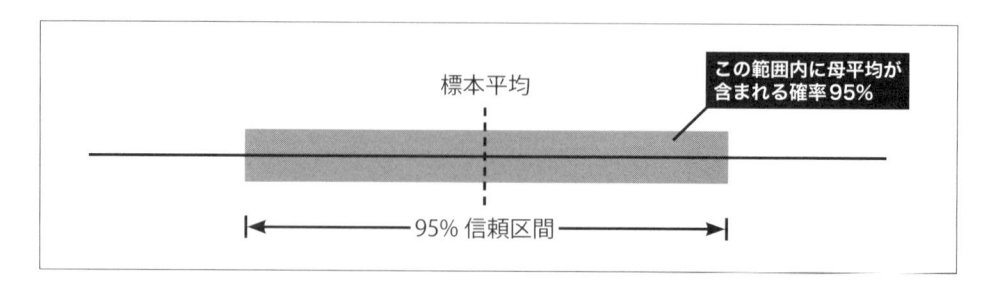

　本来なら100%の確率を追求したいところですが、この場合は「平均値の信頼区間」が無限小〜無限大になってしまいます。これでは数値としての意味をなしません。そこで、5%くらいの例外は我慢し、適当なところで妥協する。これが95%信頼区間となります。

なお、人命に関わる医療調査のように信頼性が重視される調査では**99%信頼区間**が採用される場合もあります。この場合、例外となる確率は100回に1回まで減少しますが、そのぶん平均値の推測範囲は広くなります。

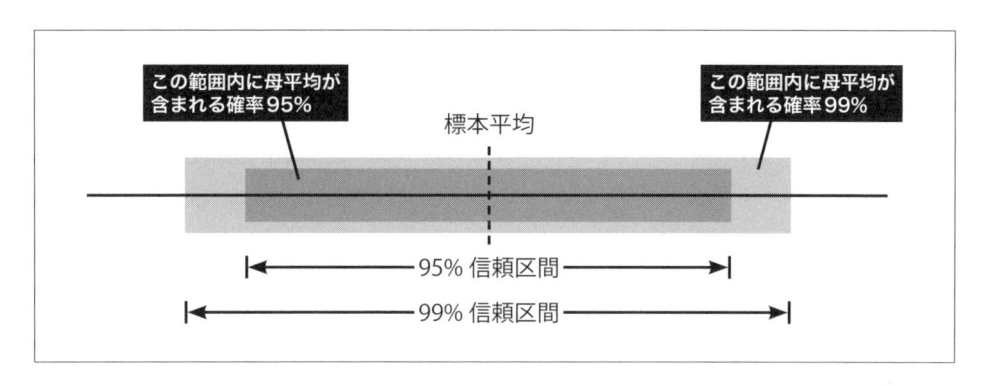

2.4.2 平均値の信頼区間の計算

それでは、平均値の信頼区間を求める具体的な手順を解説していきましょう。信頼区間は、（**標本平均**）±（t×**標準誤差**）で求めます。**標準誤差**の計算方法を含めた形で示すと、この数式は以下のようになります。

$$信頼区間 = 標本平均 \pm \left(t \times 標準誤差 \right)$$

$$= 標本平均 \pm \left(t \times \sqrt{\frac{不偏分散}{サンプルデータの個数}} \right) \quad （数式2\text{-}d）$$

この数式内にある**標本平均**、**不偏分散**の算出方法は以前に解説したとおりです。よって、t**の値**がわかれば信頼区間を算出できることになります。

t**の値**とはt分布の値のことで、**自由度**と**信頼区間の確率**に応じて次ページの表のように変化します。

■ *t* 分布表

自由度	確率95%	確率99%
1	12.706	63.657
2	4.303	9.925
3	3.182	5.841
4	2.776	4.604
5	2.571	4.032
6	2.447	3.707
7	2.365	3.499
8	2.306	3.355
9	2.262	3.250
10	2.228	3.169
11	2.201	3.106
12	2.179	3.055
13	2.160	3.012
14	2.145	2.977
15	2.131	2.947
16	2.120	2.921
17	2.110	2.898
18	2.101	2.878
19	2.093	2.861
20	2.086	2.845
25	2.060	2.787
30	2.042	2.750
35	2.030	2.724
40	2.021	2.704
45	2.014	2.690
50	2.009	2.678
100	1.984	2.626
200	1.972	2.601
300	1.968	2.592
∞	1.960	2.576

　　ここで使用する**自由度**は、「**サンプルデータの個数**」から**1を引いた値**となります。たとえば、サンプルデータの個数（**標本数**）が10個の場合、自由度は $10 - 1 = 9$ になります。同様に、サンプルデータの個数（標本数）が50個であった場合、自由度は $50 - 1 = 49$ になります。

t 分布とは？

　　t 分布は、正規分布によく似た「つりがね型」の分布になります。その形状は、自由度によって変化し、自由度が小さくなるほど正規分布より平らな形状になります。自由度が無限大になると、t 分布は正規分布に一致します。

2.4.3 t 分布の値をExcel関数で求める（T.INV.2T）

　　Excelには t 分布の値を調べる**関数「T.INV.2T」**が用意されています。よって、前ページの表を参照しなくても **t の値**を求められます。また、この関数を利用して前ページの表に掲載されていない自由度や確率における t の値を知ることも可能です。

◆ t の値を求める関数「T.INV.2T」の書式

　　=T.INV.2T(危険率, 自由度)

　　関数「T.INV.2T」を使用するときは、引数に**危険率**を指定します。危険率とは、（**1−信頼区間の確率**）で計算される値で、95%信頼区間の場合は $1 - 0.95 = 0.05$ が危険率になります。同様に、99%信頼区間の危険率は0.01になります。

（例）サンプルデータが20個、95%信頼区間の場合

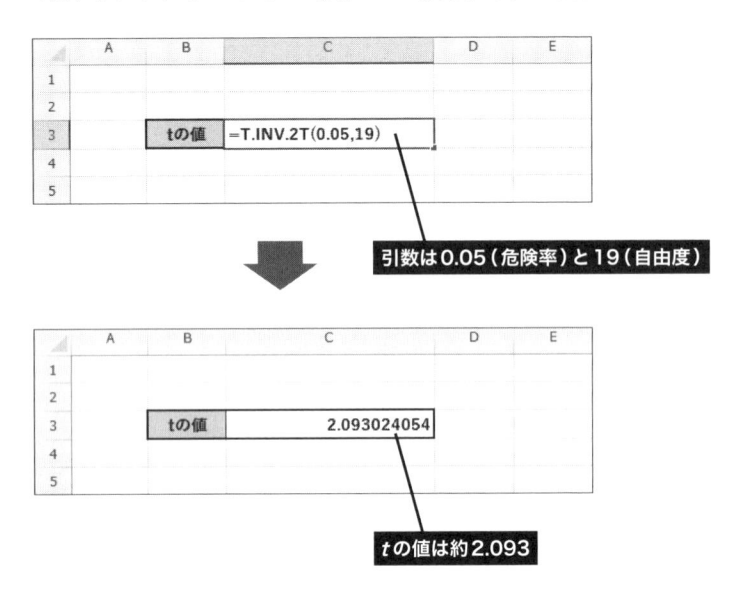

引数は0.05（危険率）と19（自由度）

t の値は約2.093

（例）サンプルデータが15個、99%信頼区間の場合

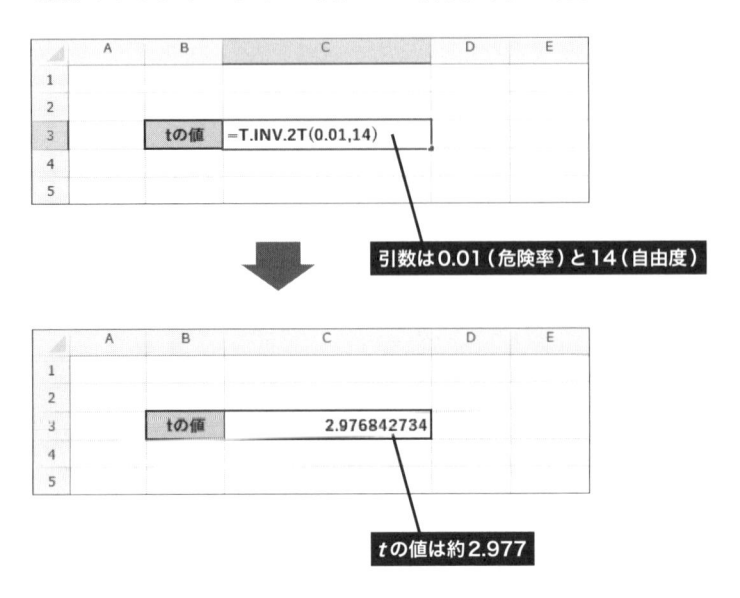

引数は0.01（危険率）と14（自由度）

t の値は約2.977

2.4.4 Excelで平均値の95%信頼区間を求める

　これで平均値の信頼区間を求める手順を解説できました。とはいえ、少し頭が混乱している方もいるでしょう。そこで、Excelを利用した具体的な手順でおさらいしておきます。

　以下は「卵の重さ」をサンプル調査した結果です（2.1.3項や2.3.3項と同じ調査結果です）。この調査結果を例に**平均値の95%信頼区間**を求める手順を解説します。なお、この計算に必要となる平方根の算出は、**関数「SQRT」**を利用して求めます。

◆平方根を求める関数「SQRT」の書式

```
=SQRT(値)
```

① 平均値の信頼区間を求めるには、**標本平均**、**不偏分散**、**t の値**が必要です。よって、これらを含めた形で計算に必要となるセルを準備します。

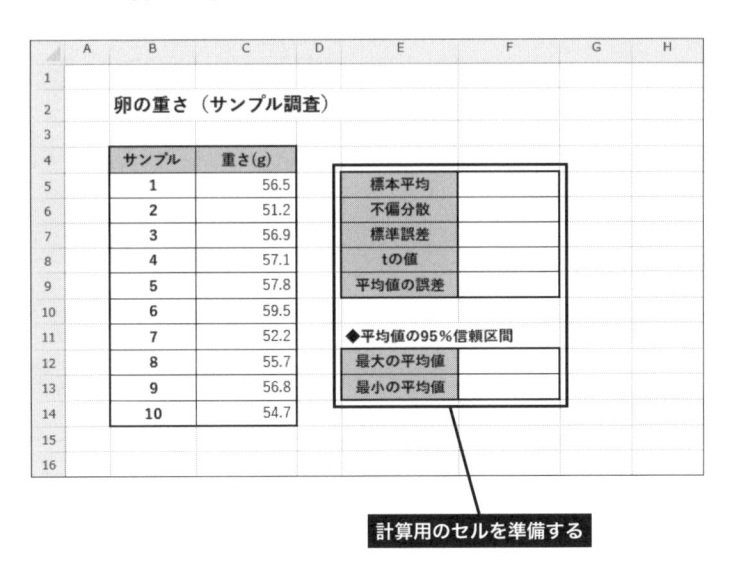

計算用のセルを準備する

② まずは**標本平均**を求めます。**関数「AVERAGE」**を入力し、その引数にサンプルデータのセル範囲を指定します。

（⇒）2.1.3　Excelで標本平均と標本分散を求める（AVERAGE、VAR.P）

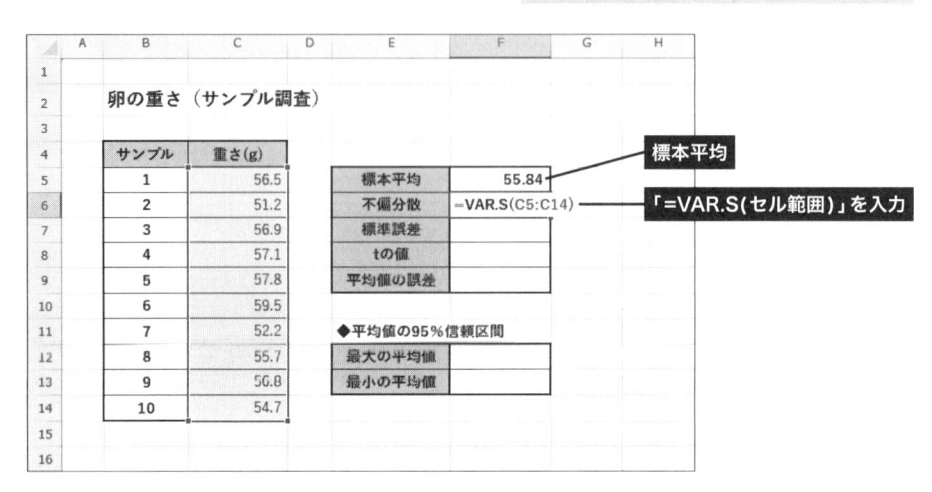

③ 今回の例では、標本平均は55.84（g）になりました。続いて、**不偏分散**を求めます。**関数「VAR.S」**の引数にサンプルデータのセル範囲を指定します。

（⇒）2.3.3　Excelで不偏分散を求める（VAR.S）

④ 今回の例では、不偏分散は6.38になりました。これで**標準誤差**を計算できます。標準誤差は（**不偏分散／サンプルデータの個数**）の平方根なので、関数「SQRT」を使って以下のように数式を入力します。

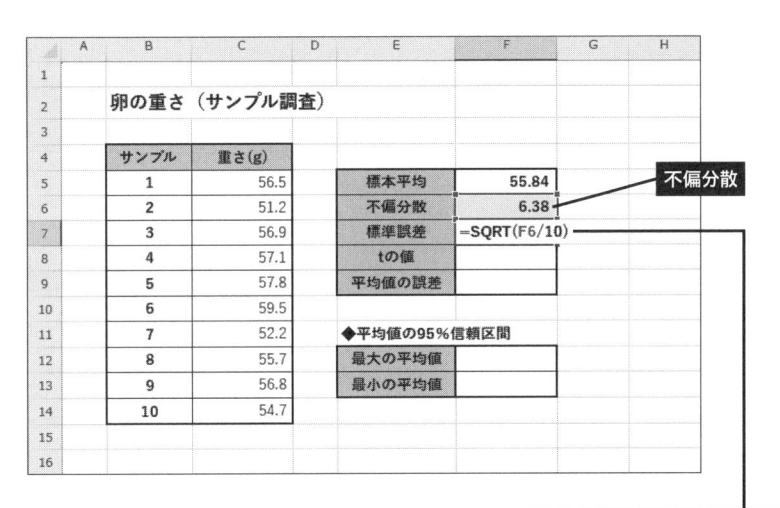

⑤ 今回の例では、標準誤差は0.80になりました。次に、**関数「T.INV.2T」**でtの値を求めます。このとき、引数に**危険率**を指定することに注意してください。**自由度**は（サンプルデータの個数−1）なので、今回の例では9になります。

（⇒）2.4.3　t分布の値をExcel関数で求める（T.INV.2T）

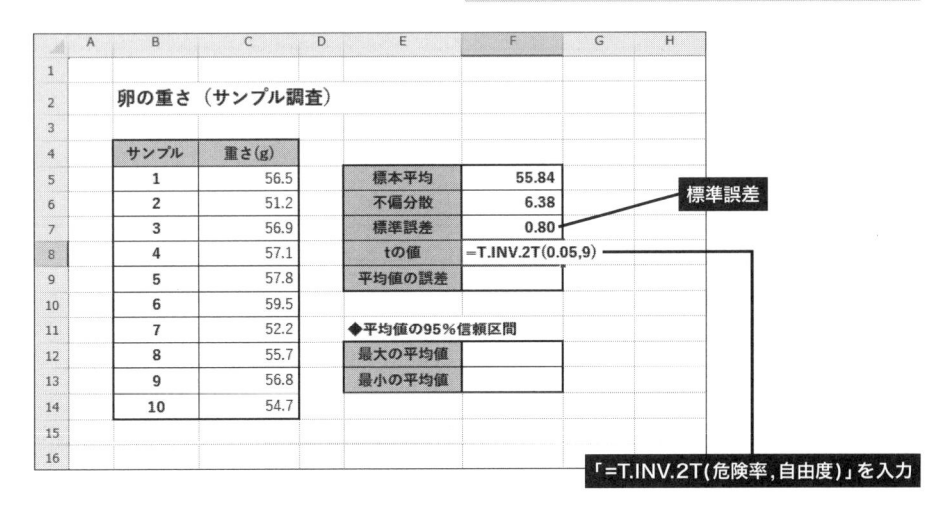

⑥ 今回の例では、「tの値」は2.26になりました。これで必要な指標がすべて揃いました。続いて、**平均値の誤差**を（tの値）×（標準誤差）で求めます。

（⇒）2.4.2　平均値の信頼区間の計算

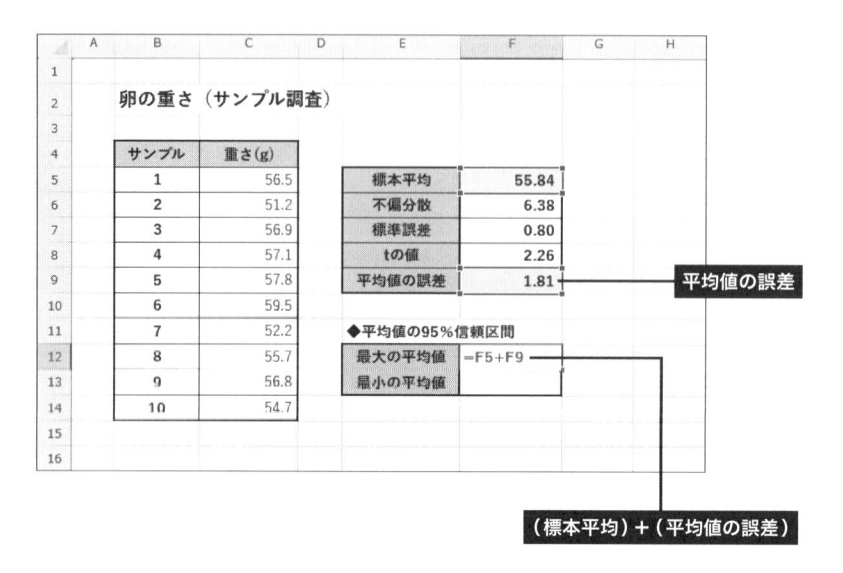

⑦ 今回の例では「平均値の誤差」が1.81（g）になりました。この値を標本平均にプラスマイナスした範囲が**平均値の95%信頼区間**となります。まずは、「最大の平均値」を（標本平均）＋（平均値の誤差）で求めます。

⑧ 次に、「最小の平均値」を求めます。これは（**標本平均**）−（**平均値の誤差**）で計算
できます。

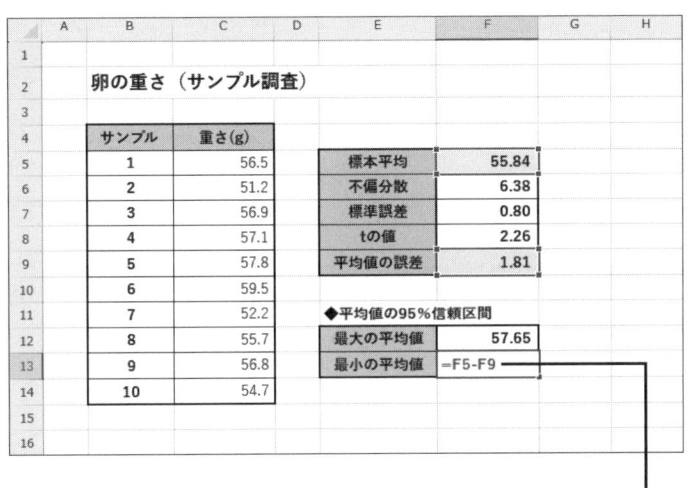

⑨ 以上で計算は完了です。今回の例では、**平均値の95％信頼区間**が54.03〜57.65
（g）になると判明しました。

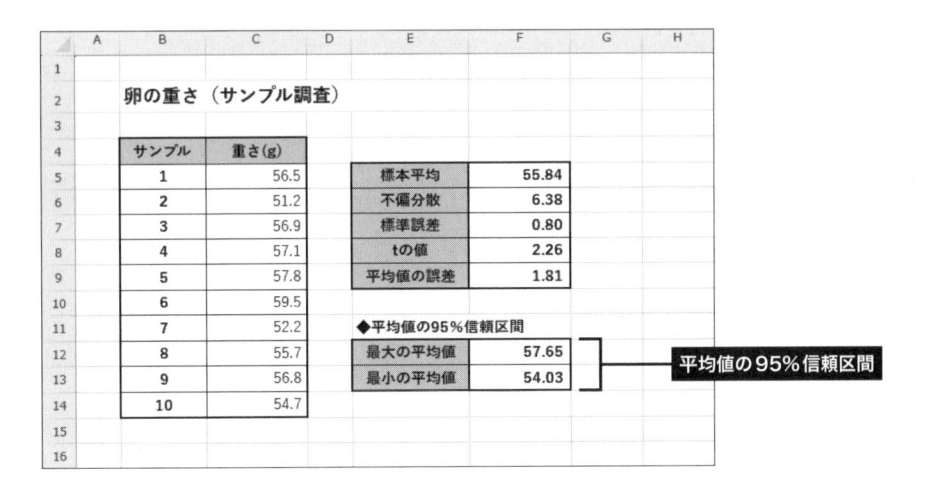

2.4.5 Excelで平均値の99%信頼区間を求める

参考までに、**平均値の99%信頼区間**を求める方法も紹介しておきます。95%信頼区間と99%信頼区間は、使用する**t の値**だけが異なります。よって、先ほどの例を以下のように変更すると、平均値の99%信頼区間を算出できます。

① 関数「T.INV.2T」の引数になっている**危険率**を0.01に変更します。

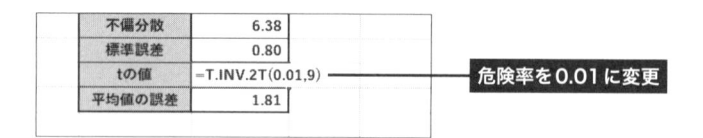

不偏分散	6.38
標準誤差	0.80
tの値	=T.INV.2T(0.01,9) ——— **危険率を0.01に変更**
平均値の誤差	1.81

②「平均値の誤差」が再計算され、それに伴って「最大の平均値」と「最小の平均値」も再計算されます。今回の例では、平均値の99%信頼区間は53.24〜58.44（g）になりました。

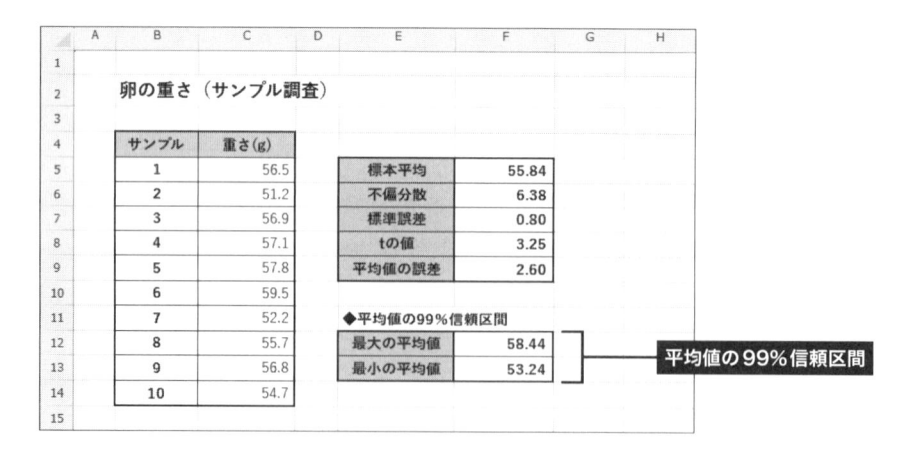

サンプル	重さ(g)
1	56.5
2	51.2
3	56.9
4	57.1
5	57.8
6	59.5
7	52.2
8	55.7
9	56.8
10	54.7

卵の重さ（サンプル調査）

標本平均	55.84
不偏分散	6.38
標準誤差	0.80
tの値	3.25
平均値の誤差	2.60

◆平均値の99%信頼区間

| 最大の平均値 | 58.44 |
| 最小の平均値 | 53.24 |

平均値の99%信頼区間

関数「CONFIDENCE.T」について

Excelには、「平均値の誤差」を求める関数「**CONFIDENCE.T**」も用意されています。その書式は =CONFIDENCE.T(**危険率, 標準偏差, 標本数**)となりますが、引数を見るとわかるように、この関数は「母集団の標準偏差が既知の場合」にのみ使用できる関数です。標本調査では母集団の標準偏差が不明であるため、「**不偏分散の平方根**」を第2引数（標準偏差）として代用すると、同様の結果を得られます。

2.5 正規分布について

これまでに解説してきた統計手法は、母集団の分布が**正規分布**になると予想される場合にのみ有効となります。続いては、正規分布について解説しておきます。

2.5.1 正規分布とは？

正規分布とは、その**ヒストグラム**が以下の数式で示される分布のことです。

$$f(x) = \frac{1}{\sqrt{2\pi\sigma^2}} exp\left(-\frac{(x-\mu)^2}{2\sigma^2}\right) \qquad （数式2\text{-}e）$$

μ：平均値
σ：標準偏差（σ^2：分散）
π：円周率（3.141……）

とはいえ、これでは「何が何やら……」という人が大半を占めるでしょう。そこで、この数式をグラフで表してみます。

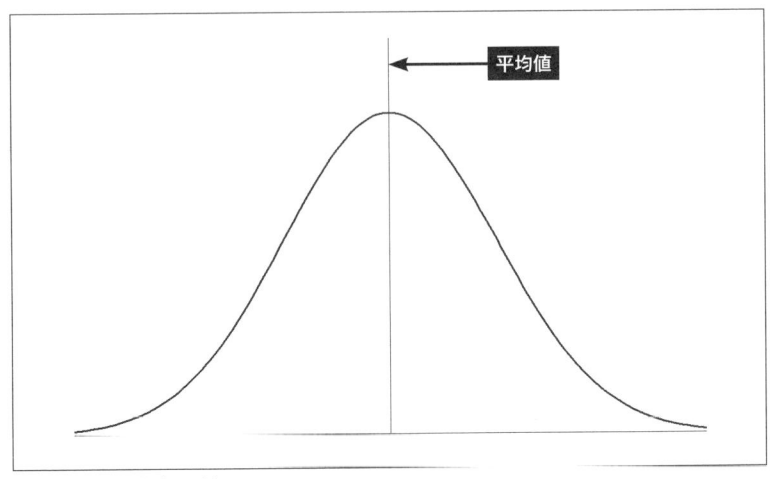

図2-4　正規分布のグラフ

これで少しはイメージしやすくなったと思います。このグラフを見ると、正規分布には以下のような特徴があることがわかります。

（1）データは平均値を中心に左右対象に分布している
（2）平均値から離れるほどデータの頻度は低くなっていく

実際に統計処理を行う際は、これらの特徴をよく理解しておくことが大切です。逆に言えば、（**数式2-e**）が意味する内容を知らなくても、上記の2つの特徴を把握していれば統計学的に正しい処理を行えることになります。よって、本書でも（**数式2-e**）の詳しい解説は省略します。

通常、私たちが調査する内容は、そのほとんどが**図2-4**のような正規分布になると考えられます。たとえば、成人男性の身長は170cm付近の人が多く、170cmから離れるほどその頻度は小さくなっていきます。そのほか、体重、靴のサイズ、100m走のタイムなど、多くの事例が正規分布になると予想できます。

もちろん、これまでに例として取り上げてきた「テスト結果」や「卵の重さ」も**図2-4**のような正規分布になると予想されます。つまり、ほとんどの調査結果が正規分布になると考えられる訳です。よって、これまでに解説してきた手法で統計学的な結論を得ることが可能です。

2.5.2 正規分布と標準偏差

統計学を利用してデータを処理するときは、**正規分布**と**標準偏差**の関係を知っておくと、データのばらつきを感覚的に把握できるようになります。

正規分布は、そのばらつきに応じて「尖（とが）った形状」や「平べったい形状」に変化しますが、いずれの場合も共通する特徴を備えています。その特徴とは、「**平均値±標準偏差**」の範囲に約68%のデータが含まれるということです。さらに、「**平均値±（標準偏差の2倍）**」の範囲に約95%のデータが含まれる、「**平均値±（標準偏差の3倍）**」の範囲に約99%のデータが含まれるという特徴もあります。

※：より厳密に記すと、各範囲に含まれるデータは以下のようになります。
・（平均値）±（標準偏差×1）の範囲に約68.27%
・（平均値）±（標準偏差×2）の範囲に約95.45%
・（平均値）±（標準偏差×3）の範囲に約99.73%

■平均値150、標準偏差5のグラフ

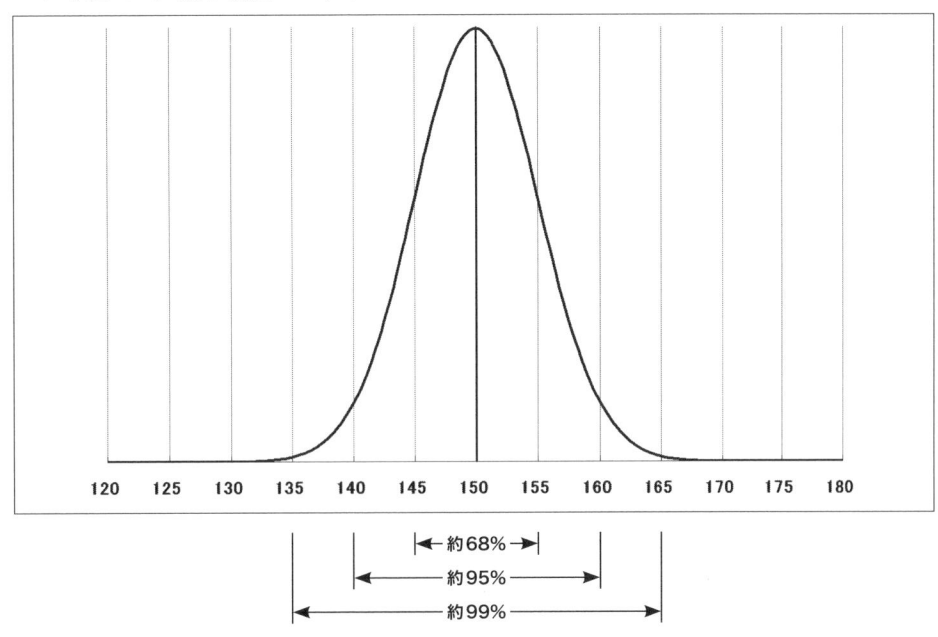

■平均値150、標準偏差10のグラフ

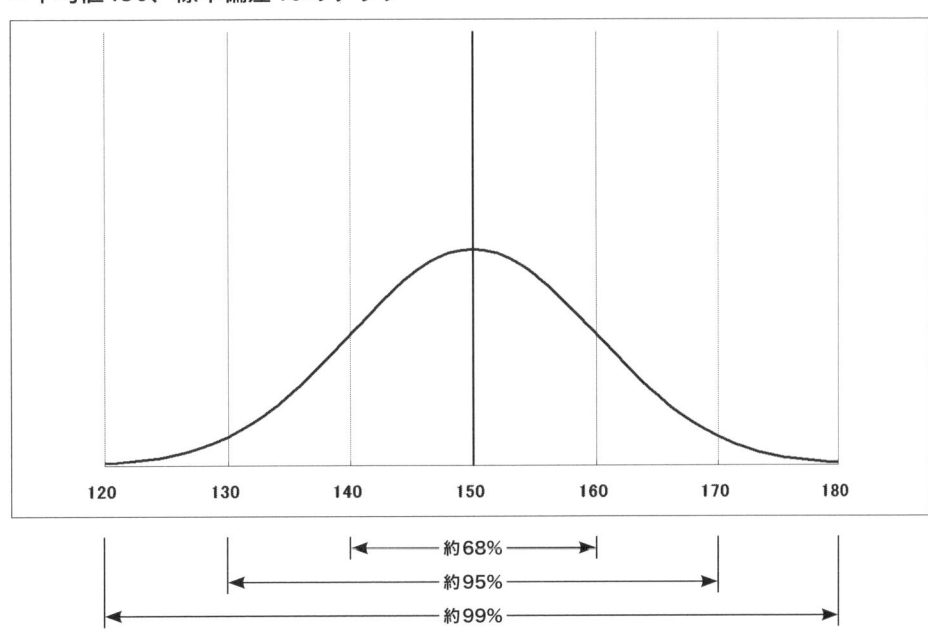

■正規分布と標準偏差の関係
- （平均値）±（標準偏差×1）……… 約68.27%のデータが含まれる
- （平均値）±（標準偏差×2）……… 約95.45%のデータが含まれる
- （平均値）±（標準偏差×3）……… 約99.73%のデータが含まれる

　このような特徴を覚えてしまえば、**標準偏差**を「意味のある数値」として認識できるようになります。標準偏差は**分散の平方根**になるので、分散（不偏分散）がわかれば標準偏差を算出できます。あとは、この標準偏差をもとにデータの分布状況をイメージするだけです。

　たとえば、平均値が35、標準偏差が5であった場合、「30 〜 40の範囲に約68%、25 〜 45の範囲に約95%のデータが含まれる」とデータの分布状況を簡単にイメージできます。

2.5.3 正規分布にならない事例

　これまでは正規分布になる事例だけを扱ってきましたが、中には**正規分布にならない事例**もあります。たとえば、サイコロを何百回も振り、出た目についてヒストグラムを作成すると、だいたい以下のような感じになります。

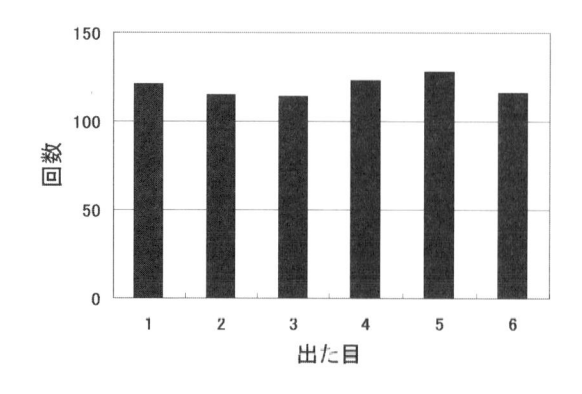

　サイコロが正しく作成されている場合、この結果は当然と考えられるでしょう。正規分布のように「3や4の目が多く出て、1と6の目は滅多に出ない……」なんてサイコロは不良品です。よって、サイコロの目は正規分布になりません。

　また、複数の事例が混在している場合も注意が必要です。たとえば、成人の身長を男女区別することなく調査した場合、170cm近辺と155cm近辺の２箇所が凸型の分布になります。これは、男性の平均身長が170cm前後、女性の平均身長が155cm前後であり、それぞれ正規分布を形成しているためです。このような場合は、男性と女性を分けて統計処理を行わなければいけません。

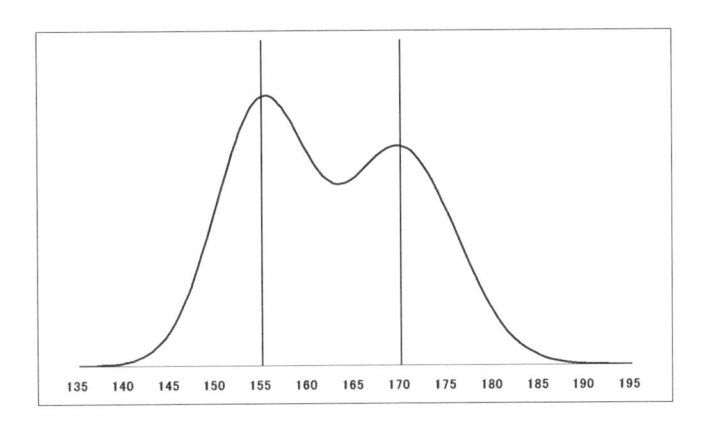

３つのサイコロの合計

　先ほど「サイコロの目は正規分布にならない」と解説しました。しかし、これが「３つのサイコロを振ったときの目の合計」になると話は変わります。この場合、理論上の確率は以下のグラフのようになり、正規分布に近い形になります。さらに、サイコロの数を４つ、５つ、６つ、……と増やしていくほど正規分布のグラフに近づいていきます。このように、同じサイコロであっても調査方法によってデータの分布は異なります。

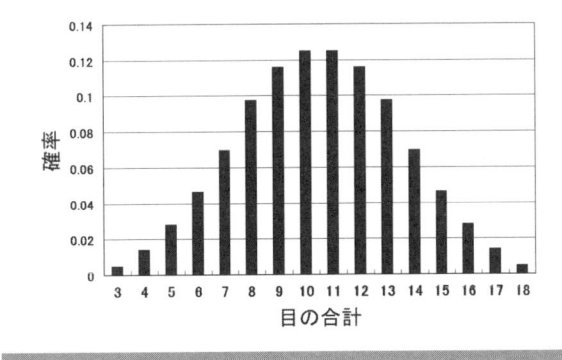

2.6 Yes／Noで答えるアンケートの信頼区間

これまでは結果が数値で得られる調査について解説してきましたが、アンケート調査のように回答がYes／Noになる場合もあります。このような**二択調査**では、Yesを「1」、Noを「0」として考えると統計学的に処理できます。

2.6.1 アンケート調査の具体例

たとえば、アンケート調査を行った結果、Yesが7人、Noが3人という回答を得たとします。この場合、「1」のデータが7個、「0」のデータが3個あると考えます。すると、**標本平均**である0.7＝70％が「Yesと回答した人の割合」になります。もちろん、標本平均には誤差が含まれているため、**平均値の95％信頼区間**を求めなければいけません。続いては、この例を実際にExcelで統計処理してみましょう。

① アンケート調査の結果をもとに統計処理用のセルを準備します。今回の例は、Yesが7人、Noが3人なので、「1」のデータを7個、「0」のデータを3個作成します。また、標本平均、不偏分散、tの値など、95％信頼区間の計算に使用するセルを準備しておきます。

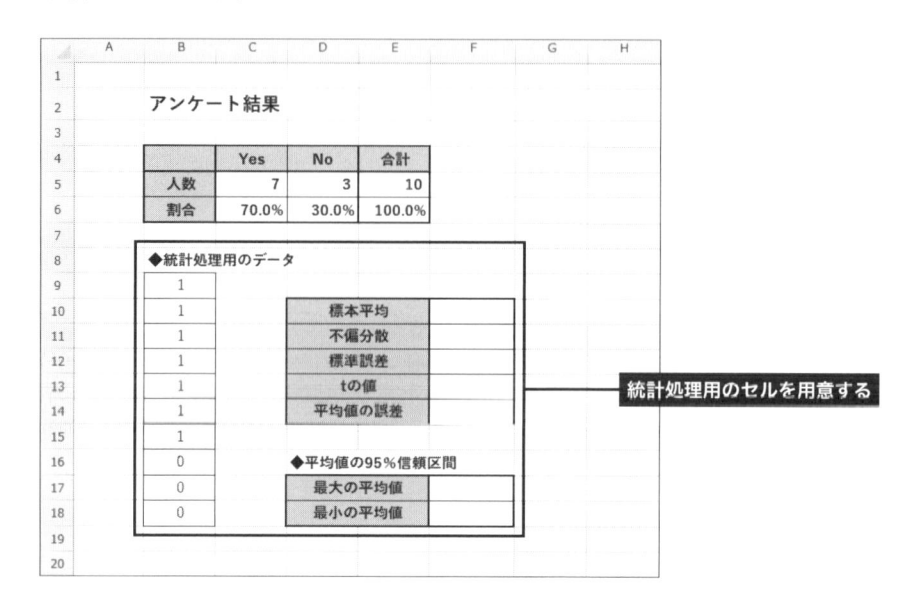

統計処理用のセルを用意する

② 関数を利用し、**標本平均**、**不偏分散**、**t の値**を求めます。また、これらの値から**平均値の誤差**を算出します。今回の例では、平均値の誤差は0.346になりました。

（⇒）2.4　平均値の信頼区間

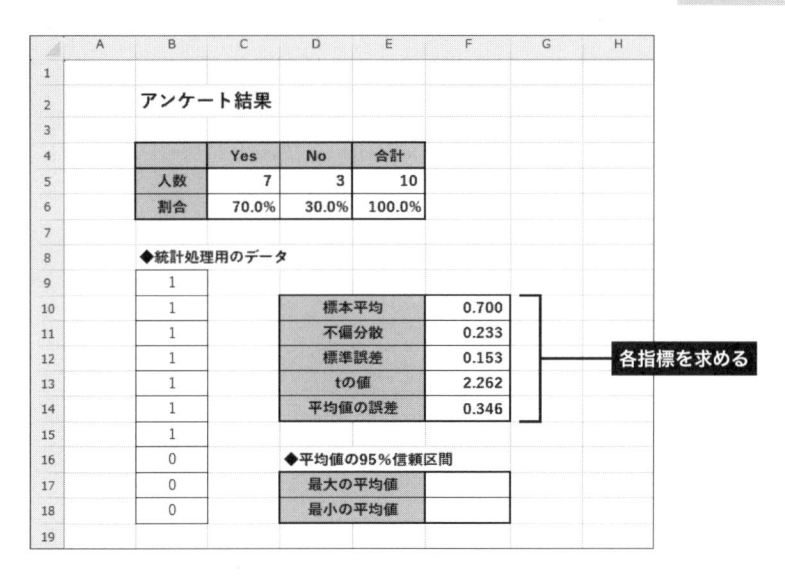

③「平均値の誤差」を標本平均にプラスマイナスし、平均値の95%信頼区間を求めます。この結果が「**Yesと回答する割合**」の**95%信頼区間**になります。

		Yes	No	合計
人数		7	3	10
割合		70.0%	30.0%	100.0%

◆統計処理用のデータ

	標本平均	0.700
	不偏分散	0.233
	標準誤差	0.153
	tの値	2.262
	平均値の誤差	0.346

◆平均値の95%信頼区間

最大の平均値	1.046
最小の平均値	0.354

平均値の95%信頼区間

この結果を見ると、**平均値の95%信頼区間**は0.354〜1.046になることが判明します。よって、「Yesと回答する割合」の95%信頼区間は35.4〜104.6%となります。ただし、「最大の平均値」が100%を超えているのが理屈に合いません。また、35.4〜104.6%という範囲はあまりにも幅が広く、意味のある数値とは思えません。

　このような結果になるのは、アンケート調査の回答数が少なすぎることに原因があります。要するに、10人中7人がYesと回答しても「Yesの割合は70%」と言い切れない訳です。もし、これを統計学的に意味のある数値にしたいのであれば、もっと多くの人から回答を得る必要があります。

　たとえば、Yesが70人、Noが30人という回答を得たとしましょう。この場合も「Yesの割合は70%」です。これを先ほどと同様に統計処理すると、その95%信頼区間は60.9〜79.1%になります。これなら意味のある数値として納得できますね。

アンケート結果

	Yes	No	合計
人数	7	3	10
割合	70.0%	30.0%	100.0%

◆統計処理用のデータ

1	1	1	1	0
1	1	1	1	0
1	1	1	1	0
1	1	1	1	0
1	1	1	1	0
1	1	1	1	0
1	1	1	1	0
1	1	1	1	0
1	1	1	1	0
1	1	1	0	0
1	1	1	0	0
1	1	1	0	0
1	1	1	0	0
1	1	1	0	0
1	1	1	0	0
1	1	1	0	0
1	1	1	0	0
1	1	1	0	0
1	1	1	0	0

標本平均	0.700
不偏分散	0.212
標準誤差	0.046
tの値	1.984
平均値の誤差	0.091

◆平均値の95%信頼区間

最大の平均値	0.791
最小の平均値	0.609

平均値の95%信頼区間は0.609〜0.791

　このように、二択調査ではある程度の回答数を得ないと95%信頼区間が意味のある数値になりません。もちろん、二択調査でなくても、できるだけ多くのデータを集めた方が信頼性の高い結果を得られることは言うまでもありません。

2.6.2 二択調査における95%信頼区間の計算式

これで二択調査の95%信頼区間を求める方法を理解できたと思います。とはいえ、回答数が多くなると「1」や「0」のデータを作成するのが面倒になります。このような場合は、以下の数式を利用して**95%信頼区間**を求めます。

$$95\%\text{信頼区間} = (\text{Yes の割合}) \pm 1.96 \sqrt{\frac{(\text{Yes の割合}) \times (\text{No の割合})}{\text{回答数}}} \qquad (\text{数式 2-f})$$

同様に、二択調査の**99%信頼区間**は以下の数式で求められます。

$$99\%\text{信頼区間} = (\text{Yes の割合}) \pm 2.58 \sqrt{\frac{(\text{Yes の割合}) \times (\text{No の割合})}{\text{回答数}}} \qquad (\text{数式 2-g})$$

ただし、これらの数式が利用できるのは「回答数が十分にある場合」に限られます。回答数が少ない場合は、2.6.1項（P70〜72）に示した手順で信頼区間を求めなければいけません。いずれの方法にせよ、回答数が少ない場合は意味のある信頼区間を得られないのが普通です。よって、「**できるだけ多くのデータを入手し、（数式2-f）で信頼区間を求める**」と考えるのが二択調査における統計処理の基本です。

以下に、Yesが70人、Noが30人の場合の処理手順を紹介しておくので、実際に作業するときの参考としてください。

① 最初に、YesとNoの人数を表に入力します。続いて、それぞれを足し算し、**回答数の合計**を求めます。

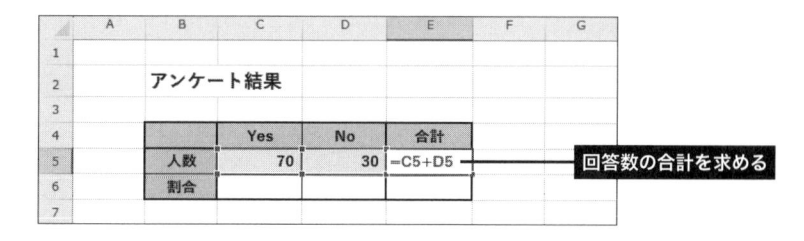

② Yesの割合は（**Yesの人数**）／（**回答数の合計**）で求められます。

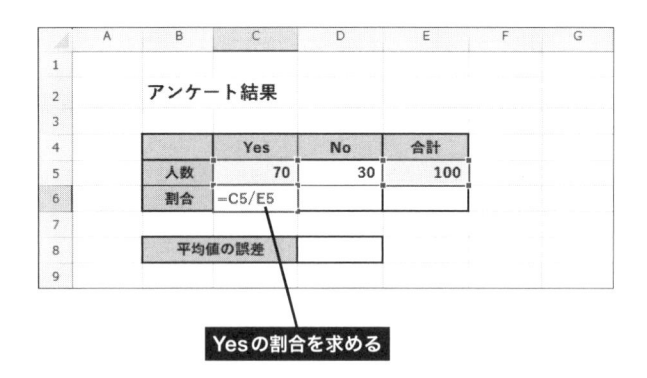

Yesの割合を求める

③ 同様に、Noの割合は（**Noの人数**）／（**回答数の合計**）で求められます。

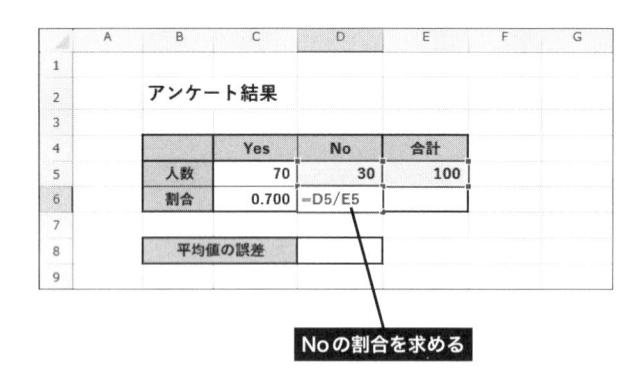

Noの割合を求める

④ 最後に、**YesとNoの割合の合計**を求めます。計算が正しく行われていれば、この数値は必ず1になるはずです。

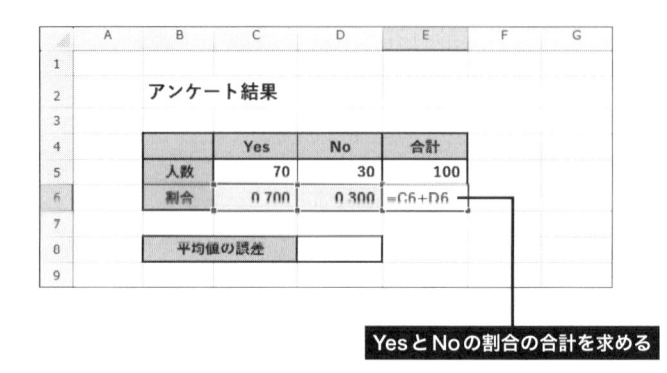

YesとNoの割合の合計を求める

⑤ 次は、「平均値の誤差」を求めます。今回の例では**95%信頼区間**を採用するので（**数式2-f**）を参考に数式を入力します。平方根の部分は**関数「SQRT」**を利用すると計算できます。

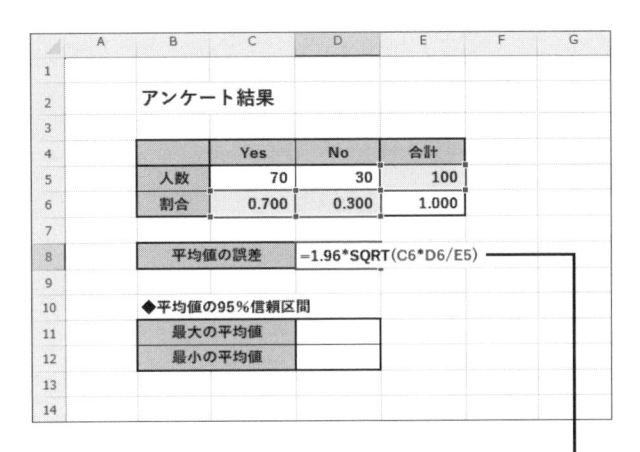

（数式2-f）を参考に数式を入力

⑥ 今回の例では、平均値の誤差は0.090（9.0%）になりました。これを「Yesの割合」にプラスして「**95%信頼区間の最大値**」を求めます。

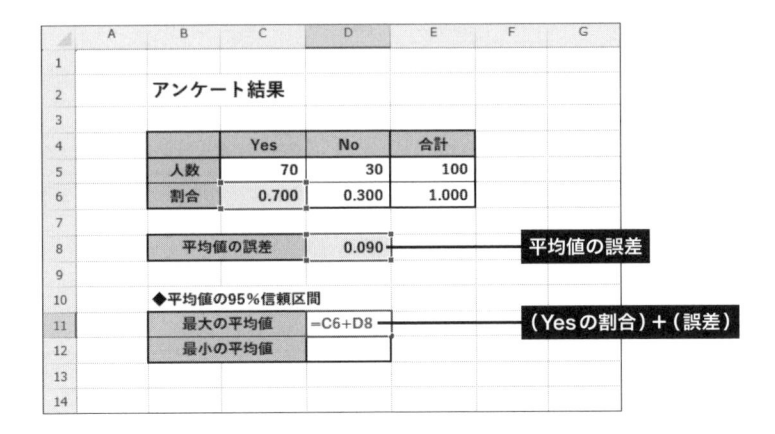

平均値の誤差

（Yesの割合）＋（誤差）

⑦ 同様に、「Yesの割合」から「平均値の誤差」をマイナスし、「**95%信頼区間の最小値**」を求めます。

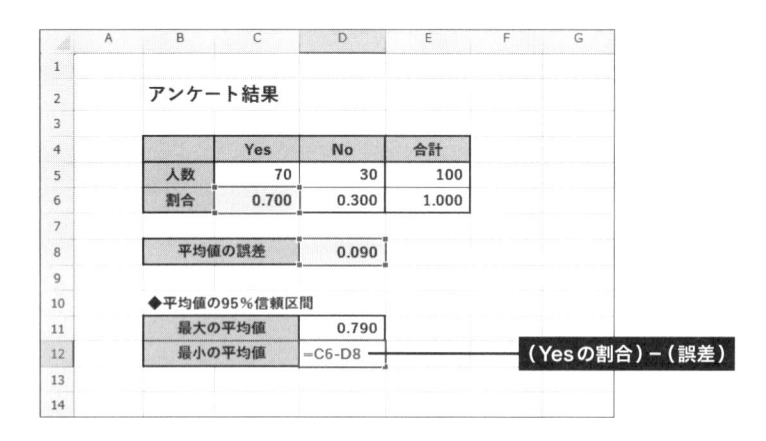

⑧ 以上で、95%信頼区間の算出は完了です。

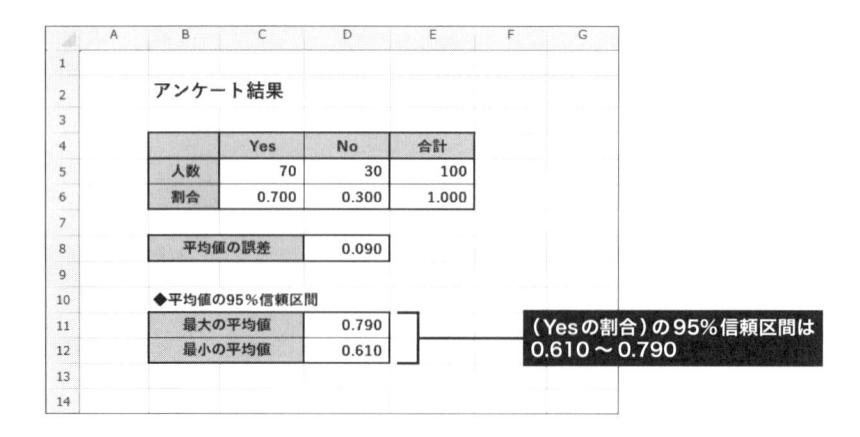

　今回の例では、「Yesの割合」の95%信頼区間が61.0〜79.0%と算出されました。P72の計算結果と少し値は異なりますが、ほぼ同様の結果が得られたといえるでしょう。もちろん、回答数が多くなるほど両者の差は小さくなり、より正確な信頼区間を算出できます。

第 3 章

調査結果の比較

これまでは、1つの調査結果を統計学的に処理する方法を解説してきました。続いては、2つの調査結果を統計学的に比較し、それぞれに差が認められるかを検証する方法を解説します。このような比較検証のことを統計学では**検定**と呼びます。

3.1 平均値の比較

まずは、2つの調査結果について**平均値**を比較するときの考え方を解説します。統計学では、2つの集団の平均値を**F検定**と**t検定**で比較するのが一般的です。

3.1.1 平均値の比較と95%信頼区間

ここでは、**図3-1**に示した調査結果を例に平均値を比較する方法を考察していきます。図3-1は「養鶏場A」と「養鶏場B」で採れた卵の重さを調査した結果です。「養鶏場A」のデータは2.4節で用いた例と同じで、その標本平均は55.84（g）でした。一方、「養鶏場B」のデータは隣町にある養鶏場でサンプル調査を行った結果で、新しく入手したデータとなります。こちらはサンプルデータの個数（標本数）が8個、その標本平均は58.76（g）となりました。

	A	B	C	D	E	F	G	H
1		養鶏場A				養鶏場B		
2		サンプル	重さ(g)			サンプル	重さ(g)	
3		1	56.5			1	57.6	
4		2	51.2			2	61.2	
5		3	56.9			3	63.5	
6		4	57.1			4	55.2	
7		5	57.8			5	58.3	
8		6	59.5			6	60.9	
9		7	52.2			7	56.3	
10		8	55.7			8	57.1	
11		9	56.8					
12		10	54.7					
13								
14		標本平均	55.84			標本平均	58.76	
15								
16								

図3-1 「養鶏場A」と「養鶏場B」の卵の重さの調査結果

　この結果を見ると、「養鶏場B」の方が標本平均が大きいことがわかります。では、「養鶏場Bの方がサイズの大きい卵（重たい卵）が採れる」と言い切れるでしょうか？これには少々疑問の余地が残ります。もしかすると「養鶏場B」のサンプルデータにたまたまサイズの大きい卵が多く含まれていた、という可能性も考えられます。

　そこで、それぞれの調査結果について**平均値の95％信頼区間**を算出してみると、以下のような結果が得られました。

	A	B	C	D	E	F	G	H
1		養鶏場A			養鶏場B			
2		サンプル	重さ(g)		サンプル	重さ(g)		
3		1	56.5		1	57.6		
4		2	51.2		2	61.2		
5		3	56.9		3	63.5		
6		4	57.1		4	55.2		
7		5	57.8		5	58.3		
8		6	59.5		6	60.9		
9		7	52.2		7	56.3		
10		8	55.7		8	57.1		
11		9	56.8					
12		10	54.7					
13								
14		標本平均	55.84		標本平均	58.76		
15		不偏分散	6.38		不偏分散	8.01		
16		標準誤差	0.80		標準誤差	1.00		
17		tの値	2.26		tの値	2.36		
18		平均値の誤差	1.81		平均値の誤差	2.37		
19								
20		◆平均値の95％信頼区間			◆平均値の95％信頼区間			
21		最大の平均値	57.65		最大の平均値	61.13		
22		最小の平均値	54.03		最小の平均値	56.40		
23								
24								

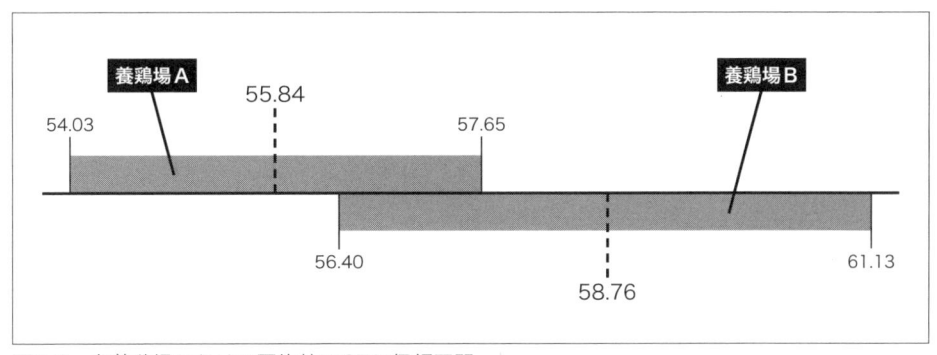

図3-2　各養鶏場における平均値の95％信頼区間

図3-2を見ると、56.40 〜 57.65（g）で平均値の95％信頼区間が重複しているのを確認できます。よって、「それぞれの母平均が同じである可能性もある」と考えられます。ただし、これを確率分布で示すと**図3-3**のような形状になり、重複している部分の面積はさほど大きくありません。となると、やはり「養鶏場B」の方が大きいと考えるのが妥当なのかもしれません……。

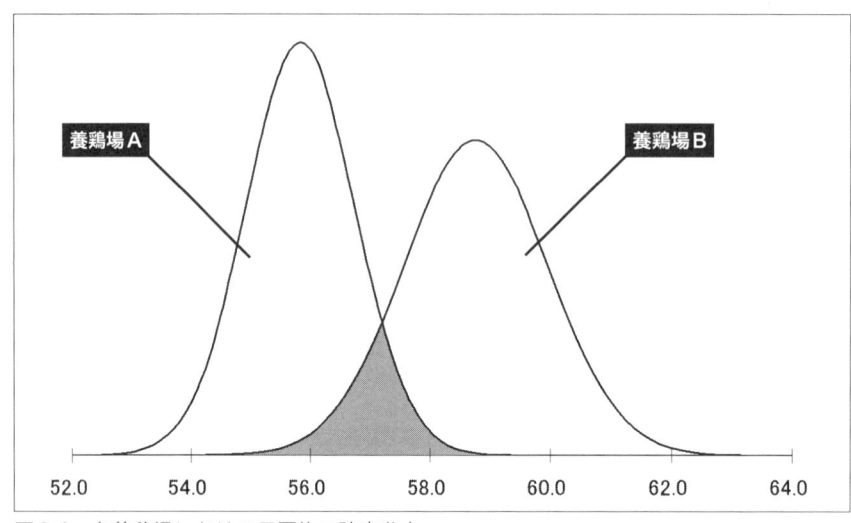

図3-3　各養鶏場における母平均の確率分布

　このように考えていくと、「平均値の差」に意味があるのか判断できなくなってしまいます。そこで、統計学では**帰無仮説**を検証することにより、「**両者の差が有意であるか？**」を確認します。

3.1.2 帰無仮説と対立仮説

　2つの調査結果の差を検証するときは、はじめに「**両者に差はない**」という仮説を立てます。このような仮説は**帰無仮説**と呼ばれ、無に帰する仮説、すなわち否定されることを前提とした仮説になります。

　たとえば、先ほどの例の場合、「**養鶏場A**」と「**養鶏場B**」の平均値には差がないという帰無仮説を立てます。そして、この帰無仮説を否定できたときに、「**養鶏場A**」と「**養鶏場B**」の平均値には差があると考えます。

　なぜ、このような回りくどい検証方法を行うかというと、「差がある」と仮定した場合、その検証作業が困難になるからです。「差がある」の中には、「大きな差がある」、「少しだけ差がある」など、さまざまな結果が含まれます。一方、「差がない」はA＝Bという単純な結果しかありません。このため、「差がない」の方が簡単に検証できます。

　なお、帰無仮説が否定されたときに証明される仮説は**対立仮説**と呼ばれています。先ほどの例の場合、帰無仮説と対立仮説はそれぞれ以下のようになります。

> **帰無仮説：「養鶏場A」と「養鶏場B」の平均値には差がない**
> **対立仮説：「養鶏場A」と「養鶏場B」の平均値には差がある**

3.1.3　*t*検定とは？

　それでは、本題となる「平均値の差」を検証する方法を解説していきましょう。統計学では、***t*検定**という手法で「平均値の差」の有意性を検証します。*t*検定の*t*は、2.4節で登場した*t*の値と同じで、「平均値の差」の信頼区間を決める指標となります。

　2.4節では「確率95％の*t*の値」を求め、そこから信頼区間を算出しました。*t*検定ではこの手順を逆にし、「標本平均の差」がどのような*t*の値に相当するかを算出します。そして、この「*t*の値」を「確率95％の*t*の値」と比較し、確率95％の範囲内に含まれるかを判定します。もし、確率95％の範囲外であった場合は**帰無仮説は否定された**と考え、**平均値の差が有意である（差がある）**と判断します。

■*t*分布と帰無仮説の正否

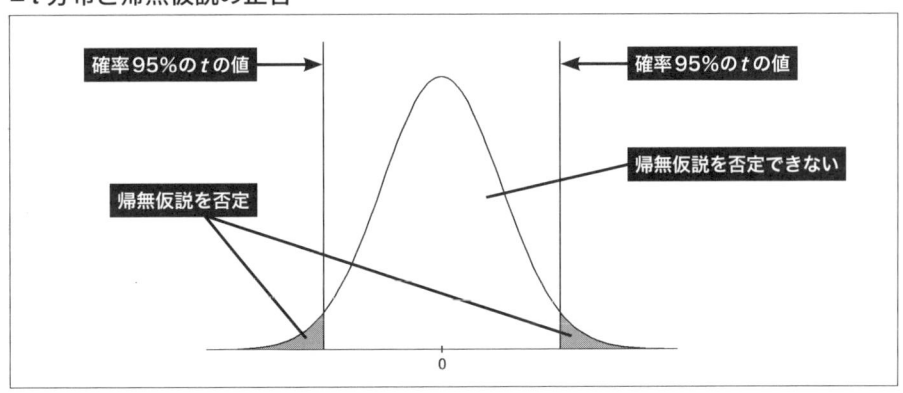

なお、「tの値」が確率95%の範囲内にあった場合は帰無仮説を否定できないため、「平均値には差がある」とは言い切れません。では「平均値には差がない」かというと、そうでもありません。この場合、「平均値には差がない」かもしれないし、「平均値には差がある」かもしれない、と考えます。つまり、**判定不能**という結論になります。

■ t 分布と平均値の差

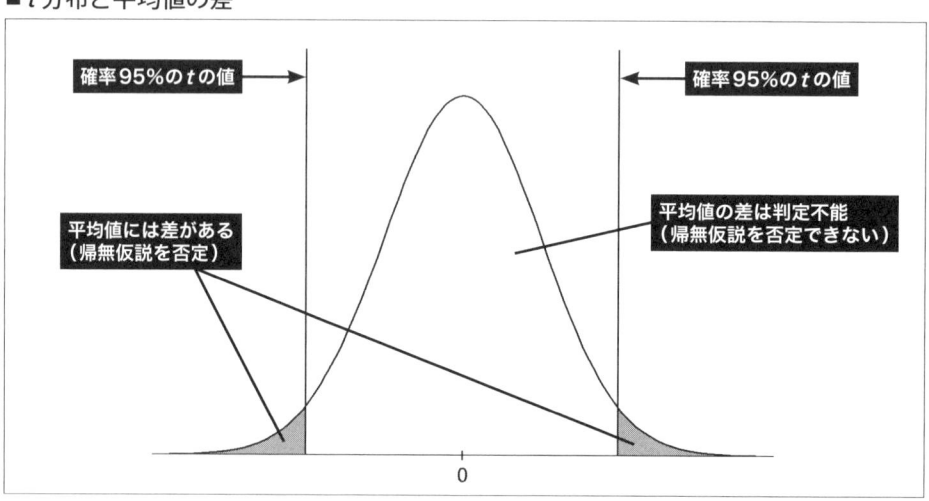

3.1.4 t 検定とF検定

　t 検定は、2つの母集団の**分散**が等しい場合とそうでない場合で算出方法が異なります。よって、あらかじめ2つの母集団について「**分散が同じと考えられるか？**」を検証しておく必要があります。この検証に利用するのが**F検定**です。

　3.2節では t 検定の前準備として、ExcelでF検定を行う手順を解説します。そして3.3節以降で t 検定の具体的な手順を解説していきます。すでに頭が混乱している方もいると思いますが、一つひとつ手順を追いながら確認していけば検定方法を習得できると思います。どうしてもよくわからないという方は、3.5節の「最も簡単な平均値の比較」で紹介する手順を覚えておくとよいでしょう。この手順でも同様の結果を導き出すことができます。

3.2　F検定で母集団の分散を比較する

　まずは、t検定の前準備となる**F検定**を行う方法を解説します。F検定は、「2つの母集団の分散が同じと考えられるか？」を検証する作業です。Excelでは、以下のように操作するとF検定を実行できます。

3.2.1　F検定を行う関数（F.TEST）

　Excelには、F検定を簡単に行える**関数「F.TEST」**が用意されています。ここでは、この関数を使ってF検定を行う方法を解説します。関数「F.TEST」を使用するときは、引数に**2つのセル範囲**を「**,**」（**カンマ**）で区切って指定します。それぞれのセル範囲には、各調査結果のデータが入力されているセル範囲を指定します。

◆F検定を行う関数「F.TEST」の書式

=F.TEST(セル範囲,セル範囲)

　すると、その計算結果として**Fの確率値**が表示されます。この数値が0.05より大きかった場合は「2つの集団の分散は同じ」（**等分散**）と考えます。逆に、0.05以下であった場合は「2つの集団の分散は異なる」（**不等分散**）と考えます。そして、等分散／不等分散の結果に応じて**t検定**の計算方法を変化させます。

■関数「F.TEST」の結果が
 ・**0.05より大きい場合** ……… **等分散**　　（3.3節のt検定へ）
 ・**0.05以下の場合** …………… **不等分散**　（3.4節のt検定へ）

　なお、ここでの最終目的は「平均値の差」が有意であるかを検証するt検定となります。よって、F検定の計算方法の解説は省略します。詳しく勉強したい方は、確率統計学の参考書などを参照してください。

3.2.2 F検定で等分散／不等分散を確認する

　それでは、図3-1（P78）と同じ例を用いて、F検定の具体的な手順を解説していきましょう。F検定を行う**関数「F.TEST」**は以下の手順で使用します。

① 2つの集団について標本調査の結果を入力し、各々の標本平均を**関数「AVERAGE」**で求めます。その後、**F検定**を行うためのセルを準備します。

（⇒）2.1.3　Excelで標本平均と標本分散を求める（AVERAGE、VAR.P）

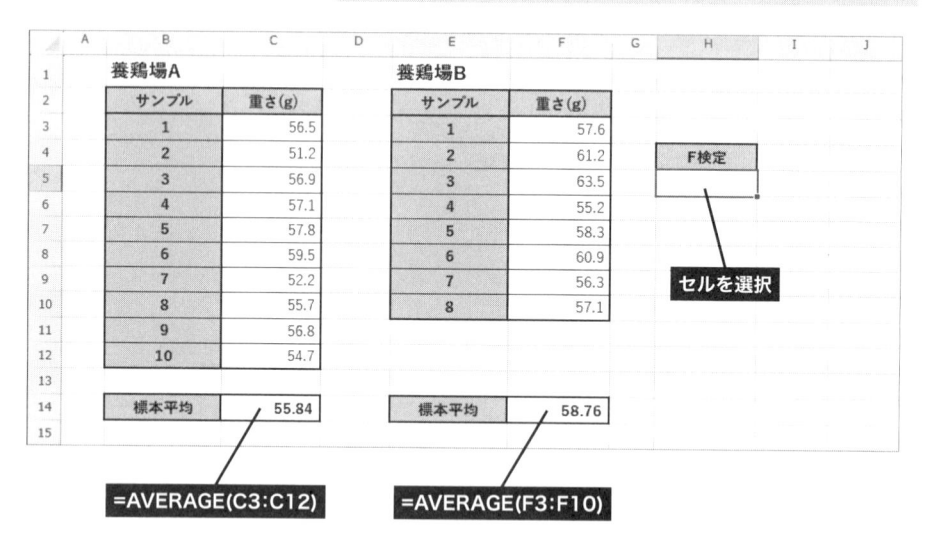

② セルに**関数「F.TEST」**を入力します。まずは「=F.TEST(」と入力します。

③ 続いて、**1つ目のセル範囲**を引数に指定します。今回の例では「養鶏場A」のデータが入力されているセル範囲「C3:C12」を指定します。さらに、引数を区切る「,」（カンマ）を入力します。

	A	B	C	D	E	F	G	H	I	J
1		養鶏場A				養鶏場B				
2		サンプル	重さ(g)			サンプル	重さ(g)			
3		1	56.5			1	57.6			
4		2	51.2			2	61.2			
5		3	56.9			3	63.5			
6		4	57.1			4	55.2			
7		5	57.8			5	58.3			

1つ目のセル範囲とカンマを入力

F検定
=F.TEST(C3:C12,
F.TEST(配列1, 配列2)

④ 続いて、**2つ目のセル範囲**を引数に指定します。今回の例では「養鶏場B」のデータが入力されているセル範囲「F3:F10」を指定します。さらに、引数の指定を終える「**カッコ閉じ**」を入力します。

	A	B	C	D	E	F	G	H	I	J
1		養鶏場A				養鶏場B				
2		サンプル	重さ(g)			サンプル	重さ(g)			
3		1	56.5			1	57.6			
4		2	51.2			2	61.2			
5		3	56.9			3	63.5			
6		4	57.1			4	55.2			
7		5	57.8			5	58.3			

2つ目のセル範囲と「カッコ閉じ」を入力

F検定
=F.TEST(C3:C12,F3:F10)

⑤ [Enter]キーを押すと関数の入力が完了し、F検定の結果が表示されます。今回の例では0.7336……という数値が表示されました。この値は**0.05より大きい**ので、「養鶏場A」と「養鶏場B」の分散は**等分散**であると考えられます。

	A	B	C	D	E	F	G	H	I	J
1		養鶏場A				養鶏場B				
2		サンプル	重さ(g)			サンプル	重さ(g)			
3		1	56.5			1	57.6			
4		2	51.2			2	61.2			
5		3	56.9			3	63.5			
6		4	57.1			4	55.2			
7		5	57.8			5	58.3			
8		6	59.5			6	60.9			
9		7	52.2			7	56.3			
10		8	55.7			8	57.1			
11		9	56.8								
12		10	54.7								
13										
14		標本平均	55.84			標本平均	58.76			
15										

F検定
0.73363526

F検定の結果（Fの確率値）

3.3 等分散の t 検定

　F検定を行った結果、2つの集団の分散が**等分散**であると考えられる場合は、以下の計算方法で t 検定を行います。なお、2つの集団の分散が不等分散であると考えられる場合は、3.4節（P96〜106）に示す方法で t 検定を行わなければいけません。

3.3.1 t 検定（等分散）の計算方法

　等分散と考えられる場合の t 検定では、以下の数式で t の**値**を求めます。

$$t = \frac{標本平均A - 標本平均B}{\sqrt{推定母分散 \times \left(\dfrac{1}{標本数A} + \dfrac{1}{標本数B} \right)}} \quad （数式3\text{-}a）$$

$$推定母分散 = \frac{\left(標本分散A \times 標本数A \right) + \left(標本分散B \times 標本数B \right)}{標本数A + 標本数B - 2} \quad （数式3\text{-}b）$$

標本平均A：1つ目の標本調査の標本平均　　標本平均B：2つ目の標本調査の標本平均
標本分散A：1つ目の標本調査の標本分散　　標本分散B：2つ目の標本調査の標本分散
標本数A：1つ目の標本調査のデータ数　　　標本数B：2つ目の標本調査のデータ数

　いずれも少々複雑な数式になりますが、特に難しい計算はないので、間違えないように計算を進めていけば「t の値」を求められると思います。
　また、t 検定を行うには**確率95%の t の値**も必要となります。この値は t 分布表や関数「T.INV.2T」で求められますが、その**自由度**は（**標本数A**）＋（**標本数B**）−2となることに注意してください。

$$t分布の自由度 = 標本数A + 標本数B - 2 \quad （数式3\text{-}c）$$

たとえば、1つ目の標本調査のデータ数が15個、2つ目の標本調査のデータ数が12個であった場合、(15＋12－2)＝25の自由度について「確率95%の t の値」を求めます。

3.3.2 Excelで t 検定（等分散）を行う

それでは、具体的な例で t 検定（等分散）の手順を紹介していきましょう。ここでは、**図3-1**（P78）のデータを利用し、それぞれの「平均値の差」が有意であるかを検証していきます。

今回は、各調査結果のデータ数を**関数「COUNT」**で数えます。関数「COUNT」は指定したセル範囲内にある「数値の個数」を求める関数で、データ数（**標本数**）が多い場合などに活用できます。もちろん、データ数が少ない場合は、標本数を自分で直接入力しても構いません。

◆数値の個数を数える関数「COUNT」の書式

=COUNT(セル範囲)

① あらかじめ**F検定**で2つの集団が**等分散**と考えられるかを確認しておきます。

（⇒）3.2　F検定で母集団の分散を比較する

② *t* 検定（等分散）の計算に必要となるセルを準備します。ここでは、以下のように
セルを準備しました。また、**標本平均**を関数「AVERAGE」で算出しておきます。

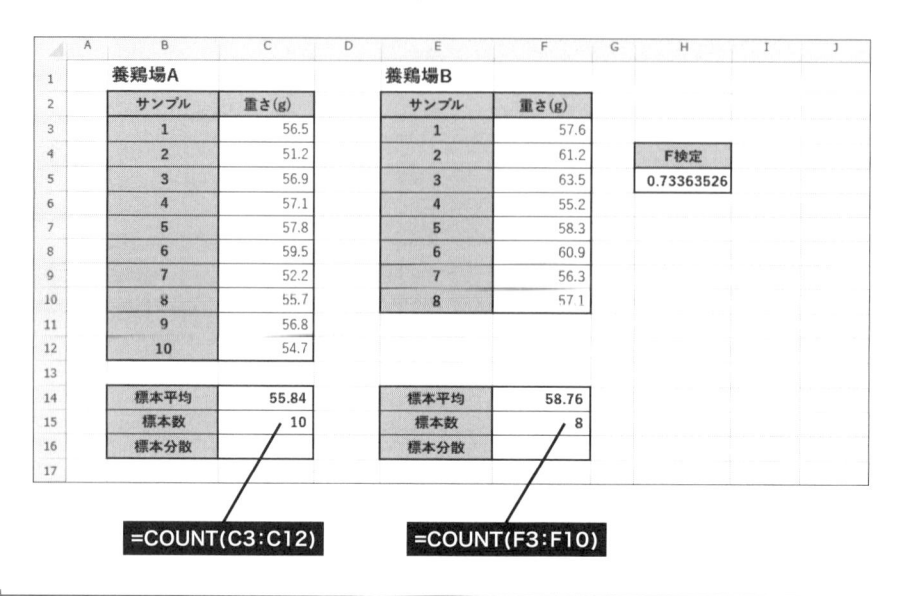

③ まずは、それぞれの**標本数**を**関数**「COUNT」で求めます。関数の引数には、それ
ぞれのセル範囲を指定します（今回の例のように標本数が少ない場合は、自分で
数値を直接入力しても構いません）。

=COUNT(C3:C12)　　=COUNT(F3:F10)

④ 続いて、それぞれの**標本分散**を関数「**VAR.P**」で求めます。不偏分散ではなく、標本分散を計算に使用することに注意してください。

（⇒）2.1.3　Excelで標本平均と標本分散を求める（AVERAGE、VAR.P）

	A	B	C	D	E	F	G	H	I	J
1		養鶏場A				養鶏場B				
2		サンプル	重さ(g)			サンプル	重さ(g)			
3		1	56.5			1	57.6			
4		2	51.2			2	61.2		F検定		
5		3	56.9			3	63.5		0.73363526		
6		4	57.1			4	55.2				
7		5	57.8			5	58.3				
8		6	59.5			6	60.9				
9		7	52.2			7	56.3				
10		8	55.7			8	57.1				
11		9	56.8								
12		10	54.7								
13										
14		標本平均	55.84			標本平均	58.76				
15		標本数	10			標本数	8				
16		標本分散	5.74			標本分散	7.00				
17										

=VAR.P(C3:C12)　　　=VAR.P(F3:F10)

⑤ ここからが t **検定**の計算となります。まずは（**数式3-b**）のとおりに数式を入力し、**推定母分散**を求めます。

	A	B	C	D	E	F	G	H	I	J
13										
14		標本平均	55.84			標本平均	58.76				
15		標本数	10			標本数	8				
16		標本分散	5.74			標本分散	7.00				
17										
18		◆ t検定								
19		推定母分散	=(C16*C15+F16*F15)/(C15+F15-2)				推定母分散を求める数式を入力			
20		（tの分子）								
21		（tの分母）								
22		tの値								
23		確率95%のt								
24										
25										

⑥ 今回の例では、推定母分散が7.09になりました。これをもとに**t**の**値**を算出していきます。ただし、(**数式3-a**)は少し複雑なので、分母と分子を分けて計算します。まずは、分子となる部分の計算を行います。

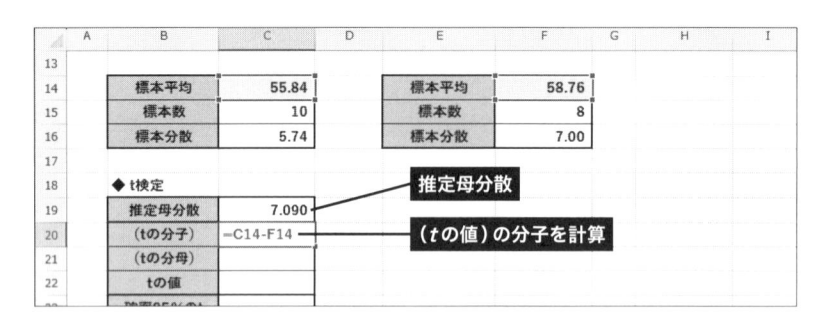

⑦ 続いて、分母となる部分を計算します。平方根は**関数「SQRT」**を利用して計算します。

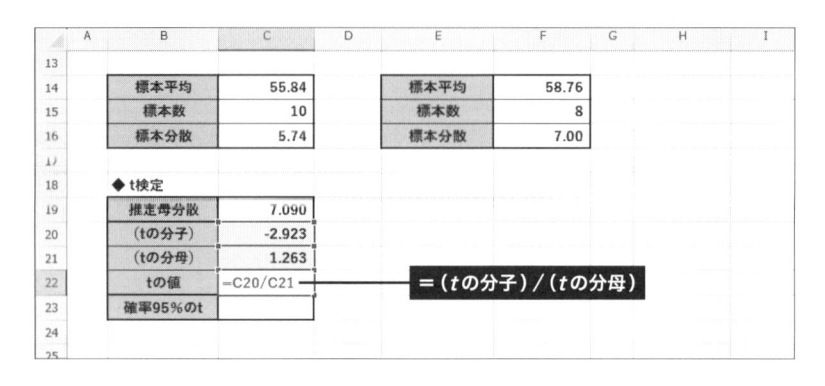

⑧ 最後に(**t**の分子)/(**t**の分母)を計算すると**t**の**値**を求められます。

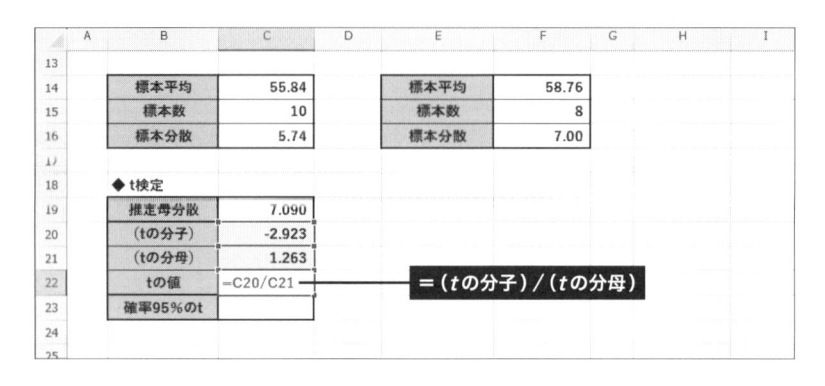

⑨ 今回の例では「*t* の値」が−2.314になりました。続いて、**関数「T.INV.2T」で確率95％の *t* の値**を求めます。自由度には（**標本数 A**）＋（**標本数 B**）−**2**を指定します。

（⇒）2.4.3　*t* 分布の値を Excel 関数で求める（T.INV.2T）

	A	B	C	D	E	F	G	H	I	J
13										
14		標本平均	55.84		標本平均	58.76				
15		標本数	10		標本数	8				
16		標本分散	5.74		標本分散	7.00				
17										
18		◆t検定								
19		推定母分散	7.090							
20		（tの分子）	-2.923							
21		（tの分母）	1.263							
22		tの値	-2.314			*t* の値				
23		確率95%のt	=T.INV.2T(0.05,C15+F15-2)			=T.INV.2T（危険率，自由度）				
24										
25										

⑩ 今回の例では「確率95％の *t* の値」が2.120になりました。この値は確率95％となる範囲の**絶対値**を示しています。

	A	B	C	D	E	F	G	H	I	J
1		養鶏場A			養鶏場B					
2		サンプル	重さ(g)		サンプル	重さ(g)				
3		1	56.5		1	57.6				
4		2	51.2		2	61.2				
5		3	56.9		3	63.5		F検定			
6		4	57.1		4	55.2		0.73363526			
7		5	57.8		5	58.3					
8		6	59.5		6	60.9					
9		7	52.2		7	56.3					
10		8	55.7		8	57.1					
11		9	56.8								
12		10	54.7								
13										
14		標本平均	55.84		標本平均	58.76				
15		標本数	10		標本数	8				
16		標本分散	5.74		標本分散	7.00				
17										
18		◆t検定								
19		推定母分散	7.090							
20		（tの分子）	-2.923							
21		（tの分母）	1.263							
22		tの値	-2.314							
23		確率95%のt	2.120			確率95%の *t* の値（絶対値）				
24										
25										

今回の例では**確率95%のtの値**（絶対値）が2.120になるため、確率95%の範囲は−2.120〜2.120となります。一方、t検定により算出した**tの値**は−2.314であり、この範囲外にあります。よって、帰無仮説が否定され、「**養鶏場A**」と「**養鶏場B**」の**平均値には差がある**という結論に達します。つまり、「養鶏場B」の方が卵のサイズが大きい（重たい）、と考えるのが妥当です。

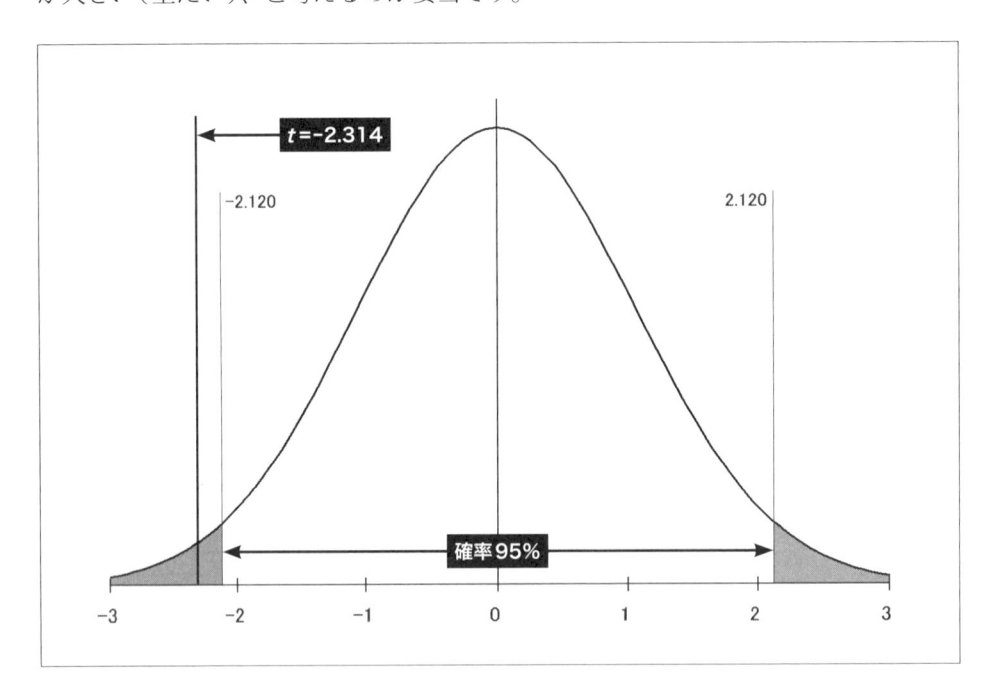

3.3.3 分析ツールを利用したt検定（等分散）

　先ほどの例では、自分の手で数式を入力してt検定を行う方法を解説しました。これと同様の結果を**分析ツール**から得ることも可能です。続いては、Excelの分析ツールを利用したt検定（等分散）の手順を紹介しておきます。今回も先ほどと同じく、**図3-1**（P78）のデータを例にして、その手順を解説します。

① あらかじめ**F検定**で2つの集団が**等分散**と考えられるかを確認しておきます。

（⇒）3.2　F検定で母集団の分散を比較する

	A	B	C	D	E	F	G	H
1		養鶏場A				養鶏場B		
2		サンプル	重さ(g)			サンプル	重さ(g)	
3		1	56.5			1	57.6	
4		2	51.2			2	61.2		F検定
5		3	56.9			3	63.5		0.73363526
6		4	57.1			4	55.2	
7		5	57.8			5	58.3	
8		6	59.5			6	60.9	
9		7	52.2			7	56.3	
10		8	55.7			8	57.1	
11		9	56.8					
12		10	54.7					
13								
14		標本平均	55.84			標本平均	58.76	
15								

F.TESTの結果が0.05より大きい

② ［**データ**］タブを選択し、「**データ分析**」をクリックします。

（⇒）1.2.2　分析ツールのアドイン

このタブを選択　　　　　　　　　　　　　　　　　　　クリック

③ このような画面が表示されるので、「**t検定：等分散を仮定した2標本による検定**」を選択し、［**OK**］ボタンをクリックします。

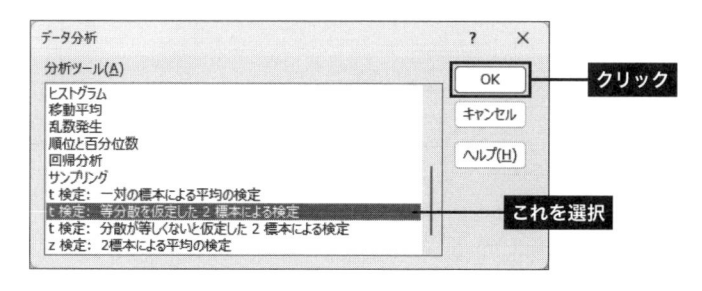

クリック

これを選択

④ **t検定（等分散）**の設定画面が表示されます。まずは「変数1の入力範囲」に**1つ目の調査結果のセル範囲**（養鶏場A）を指定します。

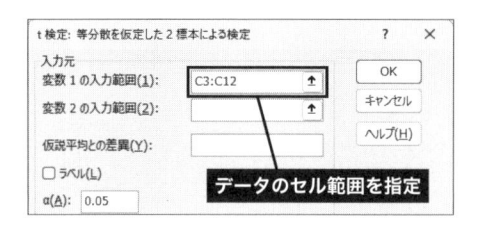

⑤ 続いて「変数2の入力範囲」に**2つ目の調査結果のセル範囲**（養鶏場B）を指定します。

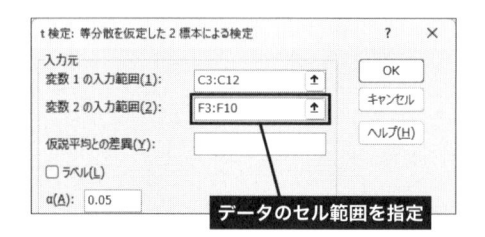

⑥「 α 」に**危険率**を指定します。通常は信頼区間の確率95％とするため、この値には「0.05」を指定します。

「ラベル」のチェックボックス

　この設定画面にある**「ラベル」**の項目をチェックすると、手順④～⑤で指定したセル範囲の先頭セルが「見出し」として扱われます。「ラベル」をチェックする場合は、（見出しのセル）を含めた形でセル範囲を指定しなければいけません。

⑦ 出力オプションに「**出力先**」を選択し、t 検定の結果を表示する**先頭セル**を指定します。[**OK**] **ボタン**をクリックすると、ここで指定したセルを先頭に t 検定の結果が表示されます。

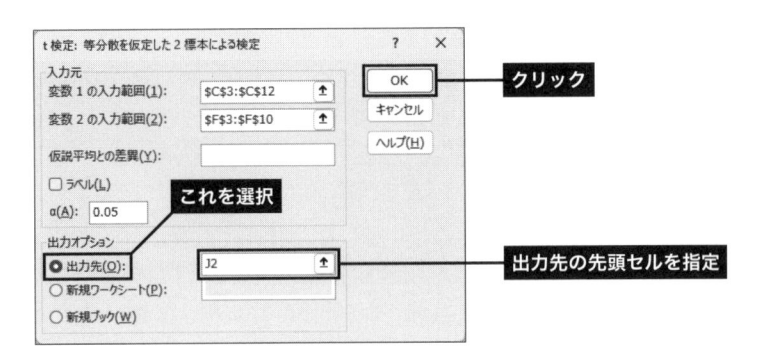

⑧ 今回の例では、以下の図のような結果が表示されました。t **の値**は「t」の項目に表示されます。また**確率95%の** t **の値**は「t境界値 両側」に表示されます。

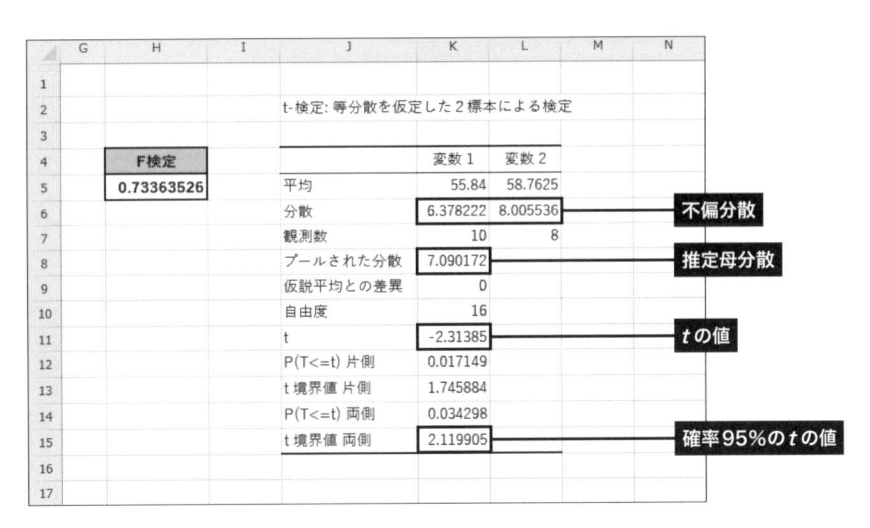

　もちろん、この計算結果も3.3.2項（P87〜92）と同じになります（小数点以下の表示桁数が異なるだけです）。t **の値**は**確率95%の範囲**（－2.119905〜2.119905）より外側にあるため、「**平均値には差がある**」という結論に達します。

3.4 不等分散のt検定

　F検定を行った結果、2つの集団の分散が**不等分散**であると考えられる場合は、以下の計算方法によりt**検定**を行います。

3.4.1 t検定（不等分散）の計算方法

　不等分散と考えられる場合のt検定では、**Welch法**と呼ばれる方法で「tの値」と「自由度」を求めます。t**の値**は以下の数式で算出できます。なお、この計算には**不偏分散**を用いることに注意してください。

$$t = \frac{標本平均A - 標本平均B}{\sqrt{\dfrac{不偏分散A}{標本数A} + \dfrac{不偏分散B}{標本数B}}} \qquad （数式3\text{-}d）$$

標本平均A：1つ目の標本調査の標本平均　　標本平均B：2つ目の標本調査の標本平均
不偏分散A：1つ目の標本調査の不偏分散　　不偏分散B：2つ目の標本調査の不偏分散
標本数A：1つ目の標本調査のデータ数　　　標本数B：2つ目の標本調査のデータ数

　続いて**自由度**を求める数式ですが、こちらは（**数式3-e**）のようになり、かなり複雑です。また、この計算結果は整数にならないため、t分布表や**関数**「**T.INV.2T**」で**確率95%のtの値**を求めるときに、小数点以下を四捨五入して自由度を整数にしなければいけません。

$$t分布の自由度 = \frac{\left(\dfrac{不偏分散A}{標本数A} + \dfrac{不偏分散B}{標本数B}\right)^2}{\dfrac{\left(不偏分散A\right)^2}{\left(標本数A\right)^2 \times \left(標本数A-1\right)} + \dfrac{\left(不偏分散B\right)^2}{\left(標本数B\right)^2 \times \left(標本数B-1\right)}}$$

（数式3-e）

3.4.2 Excelでt検定（不等分散）を行う

それでは、具体的な例で**t検定（不等分散）**の手順を紹介していきましょう。ここでは、「養鶏場A」と「養鶏場C」で卵の重さを調査した結果（**図3-4**）を例に、その手順を解説していきます。「養鶏場C」のデータは新たに入手したデータであり、その標本数は5個、標本平均は59.12（g）となりました。標本平均を単純に比較すると、「養鶏場C」の方がサイズが大きい（重たい）ように見えますが、実際はどうでしょうか？　t検定を使って**「標本平均の差が有意であるか？」**を検証してみます。

	A	B	C	D	E	F	G	H
1		養鶏場A			養鶏場C			
2		サンプル	重さ(g)		サンプル	重さ(g)		
3		1	56.5		1	58.4		
4		2	51.2		2	66.8		
5		3	56.9		3	62.5		
6		4	57.1		4	52.3		
7		5	57.8		5	55.6		
8		6	59.5					
9		7	52.2					
10		8	55.7					
11		9	56.8					
12		10	54.7					
13								
14		標本平均	55.84		標本平均	59.12		
15								

図3-4　「養鶏場A」と「養鶏場C」の卵の重さの調査結果

① あらかじめ**F検定**で2つの集団の分散を確認しておきます。今回の例では「Fの確率値」が0.0403……と表示されました。この値は**0.05以下**になるため、2つの集団の分散は**不等分散**であると考えられます。

（⇒）3.2　F検定で母集団の分散を比較する

	A	B	C	D	E	F	G	H	I	J
1		養鶏場A			養鶏場C					
2		サンプル	重さ(g)		サンプル	重さ(g)				
3		1	56.5		1	58.4				
4		2	51.2		2	66.8		F検定		
5		3	56.9		3	62.5		0.04031731		
6		4	57.1		4	52.3				
7		5	57.8		5	55.6				
8		6	59.5							
9		7	52.2							
10		8	55.7							
11		9	56.8							
12		10	54.7							
13										
14		標本平均	55.84		標本平均	59.12				
15										

F.TESTの結果が0.05以下

② *t* 検定（**不等分散**）の計算に必要となるセルを準備します。ここでは、以下のように にセルを準備しました。また、**標本平均**を**関数「AVERAGE」**で算出しておきます。

③ まずは、それぞれの**標本数**を**関数「COUNT」**で求めます。関数の引数には、それ ぞれのセル範囲を指定します（今回の例のように標本数が少ない場合は、自分で 数値を直接入力しても構いません）。

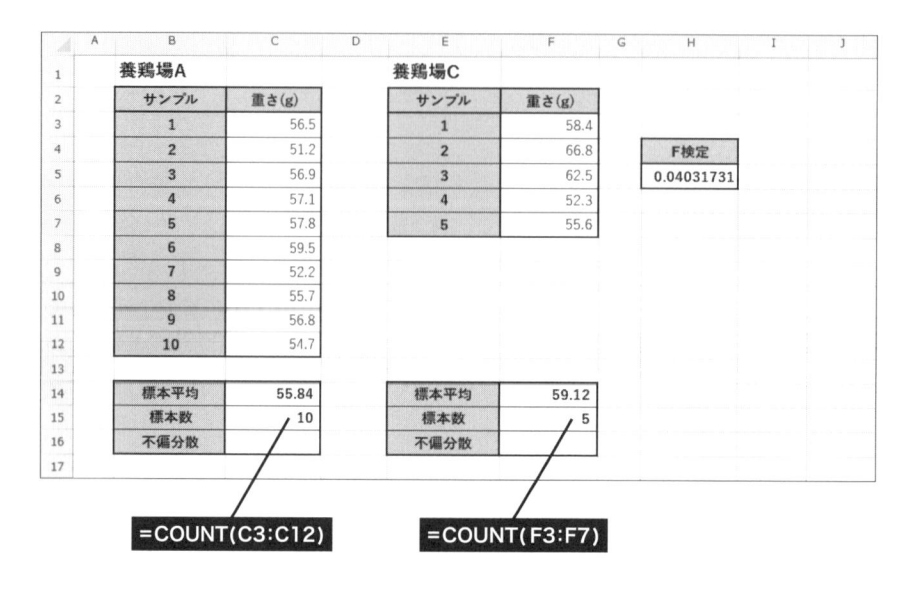

④ 続いて、それぞれの**不偏分散**を関数「VAR.S」で求めます。

（⇒）2.3.3　Excel で不偏分散を求める（VAR.S）

	A	B	C	D	E	F	G	H	I	J
1		養鶏場A			養鶏場C					
2		サンプル	重さ(g)		サンプル	重さ(g)				
3		1	56.5		1	58.4				
4		2	51.2		2	66.8		F検定		
5		3	56.9		3	62.5		0.04031731		
6		4	57.1		4	52.3				
7		5	57.8		5	55.6				
8		6	59.5							
9		7	52.2							
10		8	55.7							
11		9	56.8							
12		10	54.7							
13										
14		標本平均	55.84		標本平均	59.12				
15		標本数	10		標本数	5				
16		不偏分散	6.38		不偏分散	32.46				
17										

=VAR.S(C3:C12)　　　=VAR.S(F3:F7)

⑤ ここからが **t 検定**の計算になります。まずは **t の値**を求めていきます。ここでは（**数式3-d**）の分母と分子を分けて計算します。まずは分子となる部分の計算です。

	A	B	C	D	E	F	G	H	I	J
13										
14		標本平均	55.84		標本平均	59.12				
15		標本数	10		標本数	5				
16		不偏分散	6.38		不偏分散	32.46				
17										
18		◆ t検定								
19		(tの分子)	=C14-F14		（t の値）の分子を計算					
20		(tの分母)								

⑥ 続いて、**t の値**の分母となる部分を計算します。平方根は**関数「SQRT」**を利用して計算します。

	A	B	C	D	E	F	G	H	I	J
13										
14		標本平均	55.84		標本平均	59.12				
15		標本数	10		標本数	5				
16		不偏分散	6.38		不偏分散	32.46				
17										
18		◆ t検定								
19		(tの分子)	-3.280							
20		(tの分母)	=SQRT(C16/C15+F16/F15)		（t の値）の分母を計算					
21		tの値								

⑦ あとは（*t*の分子）／（*t*の分母）を計算するだけで***t*の値**を求められます。

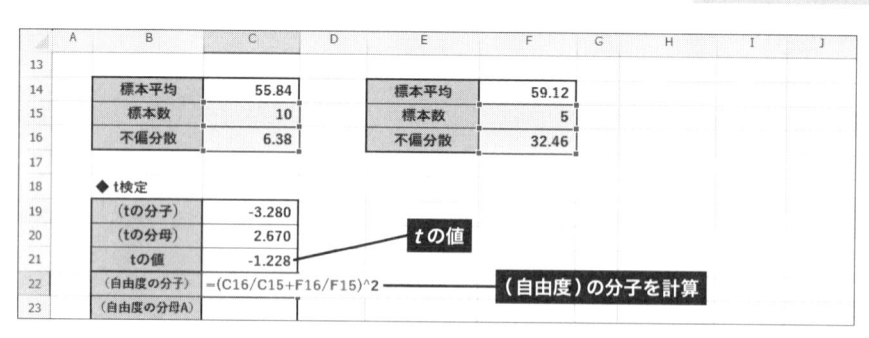

⑧ 今回の例では「*t*の値」が−1.228になりました。続いて、*t*分布の**自由度**を求めます。こちらも数式が複雑なので、（**数式3-e**）を3つに分けて計算します。まずは分子となる部分の計算です。2乗の計算は「＾」の演算記号を使って記述します。

（⇒）AP-01　数式の入力

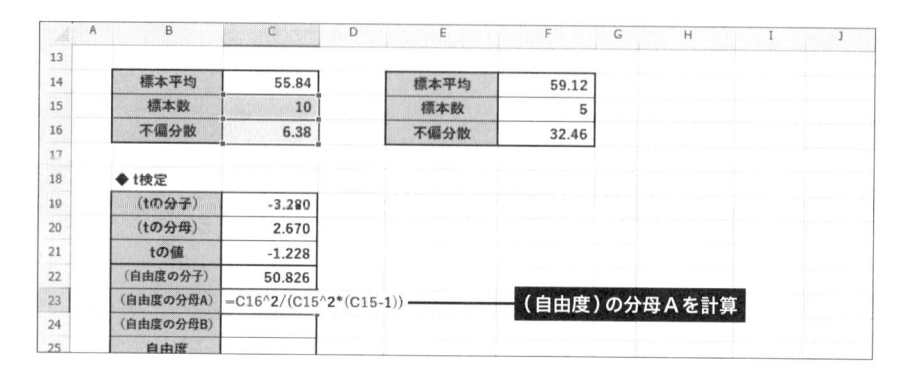

⑨ 続いて、**自由度**の分母の左側を計算します。カッコが入れ子になるので、間違えないように数式を記述してください。

	A	B	C	D	E	F	G	H	I	J
13										
14		標本平均	55.84		標本平均	59.12				
15		標本数	10		標本数	5				
16		不偏分散	6.38		不偏分散	32.46				
17										
18		◆ t検定								
19		（tの分子）	-3.280							
20		（tの分母）	2.670							
21		tの値	-1.228							
22		（自由度の分子）	50.826							
23		（自由度の分母A）	=C16^2/(C15^2*(C15-1))							
24		（自由度の分母B）								
25		自由度								

（**自由度**）の分母Aを計算

⑩ 同様に、**自由度**の分母の右側を計算します。

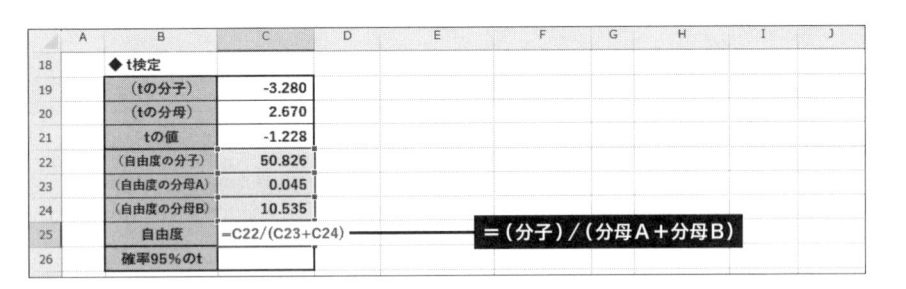

⑪ あとは（自由度の分子）／（自由度の分母A＋自由度の分母B）を計算するだけで**自由度**を求められます。

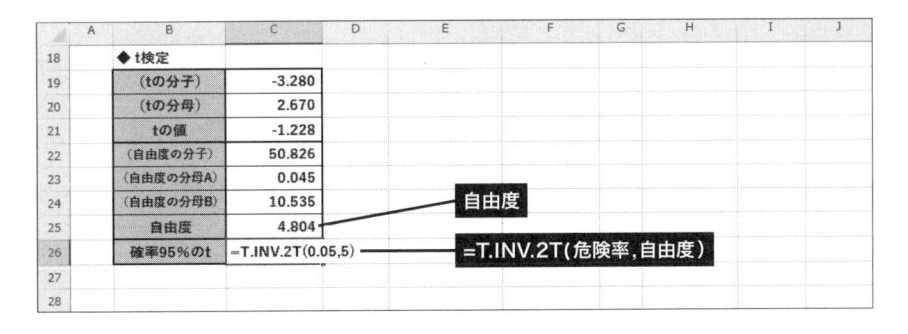

⑫ 今回の例では「自由度」が4.804になりました。これを四捨五入し、自由度5における**確率95%のtの値**を求めます。**関数「T.INV.2T」**の引数には、危険率に0.05、自由度に「**四捨五入した自由度**」を指定します。

（⇒）2.4.3　t 分布の値を Excel 関数で求める（T.INV.2T）

⑬ 今回の例では「確率95%のtの値」が2.571になりました。この値は確率95%となる範囲の**絶対値**を示しています。

	A	B	C	D	E	F	G	H	I	J
13										
14		標本平均	55.84		標本平均	59.12				
15		標本数	10		標本数	5				
16		不偏分散	6.38		不偏分散	32.46				
17										
18		◆ t検定								
19		（tの分子）	-3.280							
20		（tの分母）	2.670							
21		tの値	-1.228							
22		（自由度の分子）	50.826							
23		（自由度の分母A）	0.045							
24		（自由度の分母B）	10.535							
25		自由度	4.804							
26		確率95%のt	2.571							
27										
28										

（C21）→ tの値

（C26）→ 確率95%のtの値（絶対値）

　今回の例では、**確率95%の範囲**が-2.571 ～ 2.571になりました。対して、**t検定**により算出した**tの値**は-1.228であり、この範囲内にあります。つまり、帰無仮説を否定できないことになります。よって、「**養鶏場A**」と「**養鶏場C**」の平均値に差が**あるとは言い切れません。**差があるかもしれないし、差がないかもしれない、と考えるのが妥当です。このような場合に、より正確な結論を導き出すには、さらに多くのデータを入手する必要があります。

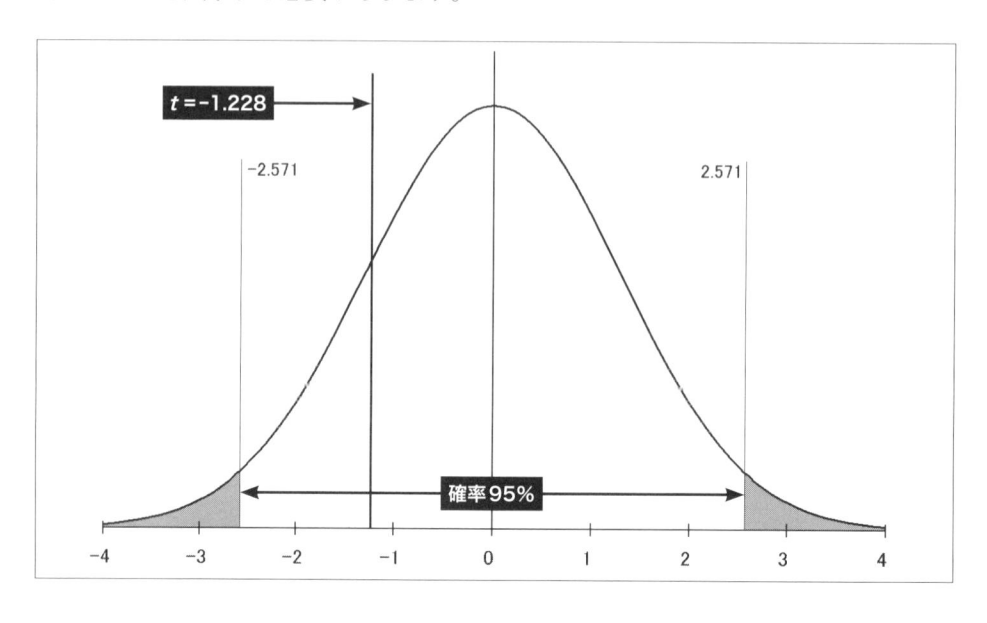

3.4.3 分析ツールを利用したt検定（不等分散）

Excelには、不等分散のt検定を行う**分析ツール**も用意されています。続いては、分析ツールを利用したt検定（不等分散）の手順を紹介しておきます。ここでは、先ほどと同じ**図3-4**（P97）のデータを例に、その手順を解説します。

① あらかじめ**F検定**で2つの集団の分散が**不等分散**と考えられるかを確認しておきます。

（⇒）3.2 F検定で母集団の分散を比較する

② ［データ］タブを選択し、「**データ分析**」をクリックします。

（⇒）1.2.2 分析ツールのアドイン

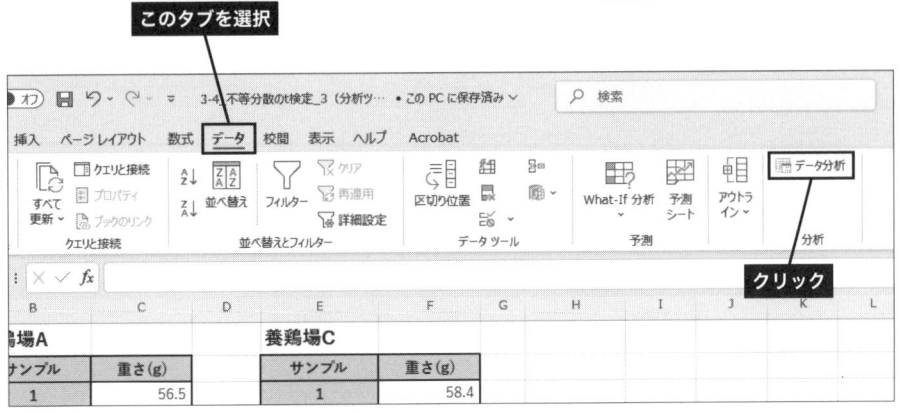

③ このような画面が表示されるので、「**t検定：分散が等しくないと仮定した2標本による検定**」を選択し、[OK]ボタンをクリックします。

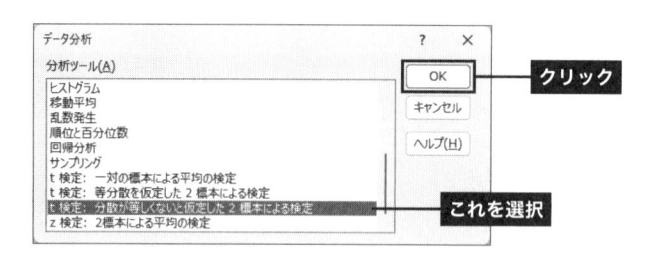

④ *t*検定（**不等分散**）の設定画面が表示されます。まずは「変数1の入力範囲」に1つ目の調査結果のセル範囲（養鶏場A）を指定します。

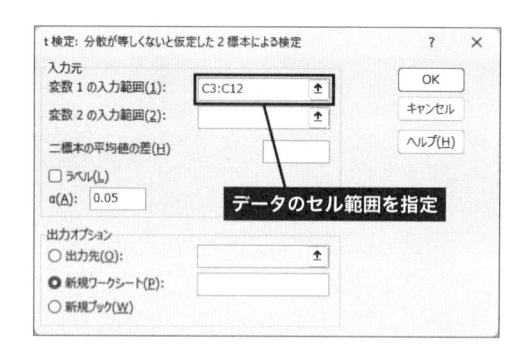

⑤ 続いて「変数2の入力範囲」に2つ目の調査結果のセル範囲（養鶏場C）を指定します。

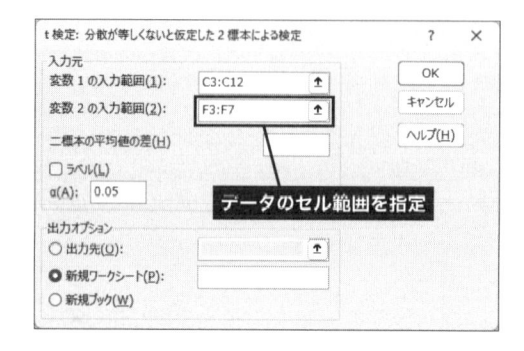

「ラベル」のチェックボックス

　この設定画面にある「**ラベル**」の項目をチェックすると、手順④〜⑤で指定したセル範囲の先頭セルが「見出し」として扱われます。「ラベル」をチェックする場合は、（見出しのセル）を含めた形でセル範囲を指定しなければいけません。

⑥「α」に**危険率**を指定します。通常は信頼区間の確率95％とするため、この値には「0.05」を指定します。

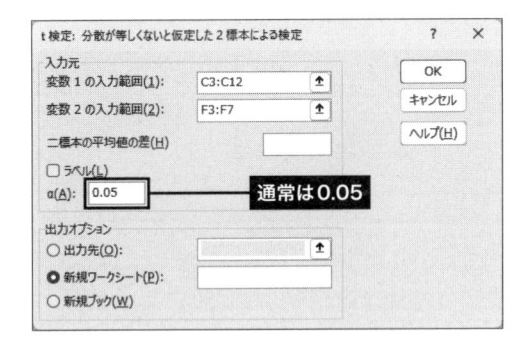

⑦ 出力オプションに「**出力先**」を選択し、t 検定の結果を表示する**先頭セル**を指定します。[**OK**] **ボタン**をクリックすると、ここで指定したセルを先頭に t 検定の結果が表示されます。

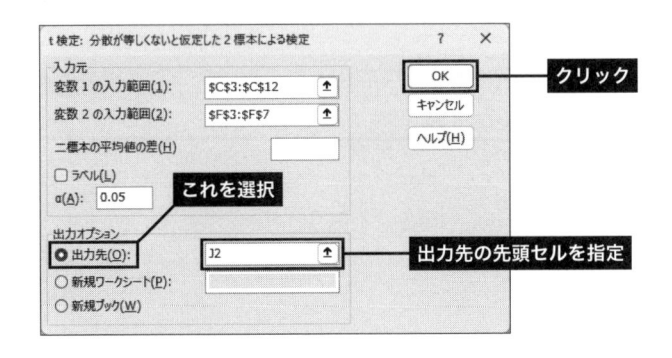

⑧ 今回の例では、以下のような結果が表示されました。**t の値**は「t」の項目に表示されます。また**確率95%の t の値**は「t境界値 両側」に表示されます。

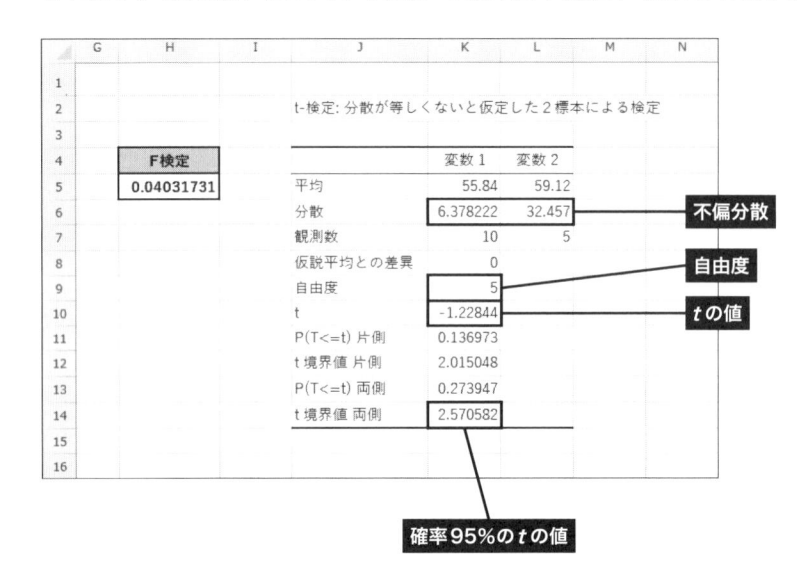

もちろん、この計算結果は 3.4.2 項（P97 ～ 102）と同じになります（小数点以下の表示桁数が異なるだけです）。**t の値**は**確率95%の範囲**（−2.570582 ～ 2.570582）の内側にあるため、「**平均値に差があるとは言い切れない**」という結論に達します。

3.5 最も簡単な平均値の比較

Excel には **t 検定**を手軽に行える**関数「T.TEST」**も用意されています。これまでに紹介した t 検定の手順や計算方法を覚えるのが面倒な場合は、この関数を利用して「平均値の差」を検証することも可能です。

3.5.1 関数「T.TEST」の利用方法

関数「T.TEST」は、t 検定を行ったときの確率値を算出する関数で、以下のような書式で利用します。

◆ t 検定を行う関数「T.TEST」の書式

=T.TEST(セル範囲、セル範囲、片側／両側、t 検定の種類)

・セル範囲

調査結果のデータが入力されている2つのセル範囲を「,」(カンマ)で区切って指定します。

・片側／両側

「片側の t 分布」は1、「両側の t 分布」は2を指定します。通常の t 検定では「両側の t 分布」を使用するので、この引数には2を指定します。

・t 検定の種類

等分散または不等分散など、「t 検定の種類」を指定します。引数に指定した値に応じて計算方法が以下のように変化します。

1：対応のある t 検定 (3.6 節で解説)
2：等分散の t 検定
3：不等分散の t 検定

もちろん、この関数を利用して「平均値の差」の有意／無意を調べる t 検定を行うことも可能です。ただし、関数「T.TEST」により算出される値は「t の値」ではなく、t の確率値(P値)となることに注意してください。このため、信頼区間95%の場合、0.05を基準に次ページのように判断を下します。

■関数「T.TEST」の結果が

・0.05より大きい場合 ……… 平均値に差があるとは言い切れない

（帰無仮説を否定できない）

・0.05以下の場合 ………… 平均値には差がある

（帰無仮説を否定）

3.5.2 最も簡単な *t* 検定の手順

　関数「T.TEST」を使用するときも、「2つの母集団の分散が同じと考えられるか？」をあらかじめ検証しておく必要があります。よって、**F検定 → *t*検定**という手順で作業を行います。これをチャートにまとめると以下のようになります。

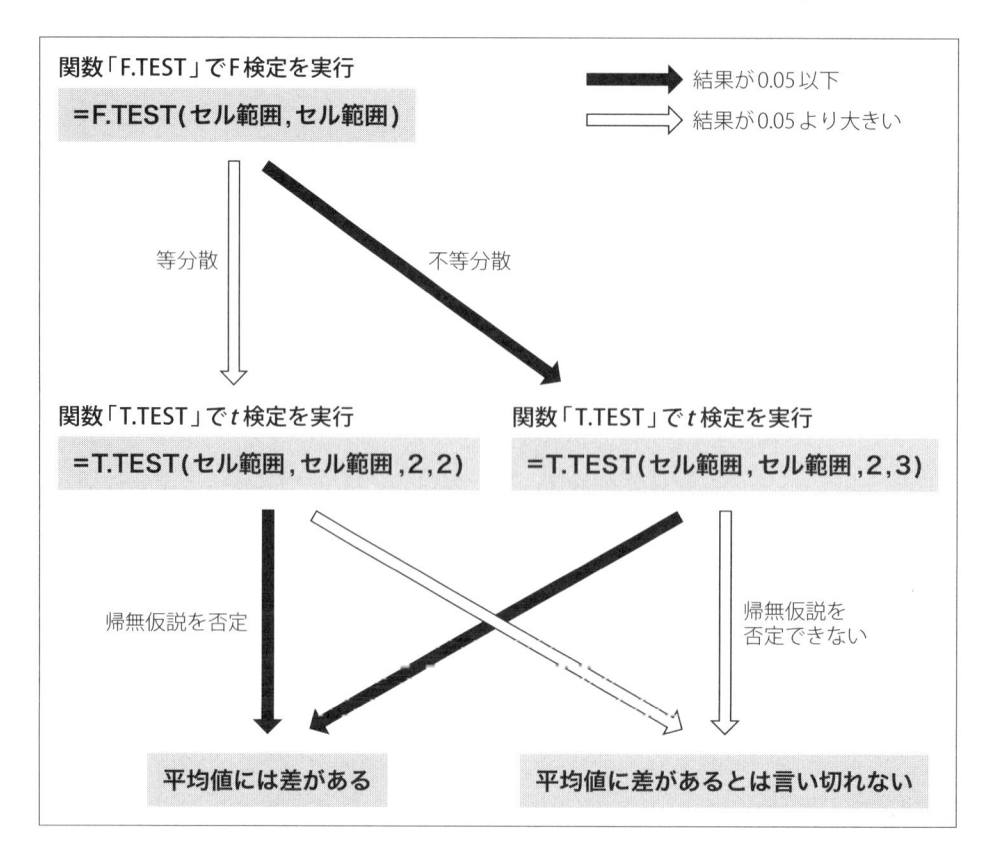

3.5.3 関数「T.TEST」で t 検定を行う（等分散）

それでは、**関数「F.TEST」**と**関数「T.TEST」**で t 検定を行うときの具体的な手順を示します。まずは、**図3-1**（P78、**等分散**の場合）を例に手順を紹介します。

① **関数「F.TEST」**で**F検定**を行います。引数には、データが入力されている2つのセル範囲を指定します。

（⇒）3.2　F検定で母集団の分散を比較する

	A	B	C	D	E	F	G	H	I	J
1		養鶏場A				養鶏場B				
2		サンプル	重さ(g)			サンプル	重さ(g)			
3		1	56.5			1	57.6			
4		2	51.2			2	61.2		F検定	
5		3	56.9			3	63.5		=F.TEST(C3:C12,F3:F10)	
6		4	57.1			4	55.2			
7		5	57.8			5	58.3		t検定	
8		6	59.5			6	60.9			
9		7	52.2			7	56.3			
10		8	55.7			8	57.1			
11		9	56.8							
12		10	54.7						=F.TEST(セル範囲,セル範囲)	
13										
14		標本平均	55.84			標本平均	58.76			
15										

② 関数「F.TEST」の結果は0.7336……になりました。この値は0.05より大きいので等分散であると考えられます。よって、「**=T.TEST(セル範囲, セル範囲, 2, 2)**」で t 検定を行います。

	A	B	C	D	E	F	G	H	I	J
1		養鶏場A				養鶏場B				
2		サンプル	重さ(g)			サンプル	重さ(g)			
3		1	56.5			1	57.6			
4		2	51.2			2	61.2		F検定	
5		3	56.9			3	63.5		0.73363526	
6		4	57.1			4	55.2			
7		5	57.8			5	58.3		t検定	
8		6	59.5			6	60.9		=T.TEST(C3:C12,F3:F10,2,2)	
9		7	52.2			7	56.3			
10		8	55.7			8	57.1			
11		9	56.8							
12		10	54.7						=T.TEST(セル範囲,セル範囲,2,2)	
13										
14		標本平均	55.84			標本平均	58.76			
15										

③ 関数「T.TEST」の結果は0.0342……になりました。この値は0.05以下なので、**「平均値には差がある」**と考えます。すなわち、「養鶏場B」の方がサイズの大きい卵（重たい卵）が採れる、という結論に達します。

	A	B	C	D	E	F	G	H	I	J
1		養鶏場A			養鶏場B					
2		サンプル	重さ(g)		サンプル	重さ(g)				
3		1	56.5		1	57.6				
4		2	51.2		2	61.2		F検定		
5		3	56.9		3	63.5		0.73363526		
6		4	57.1		4	55.2				
7		5	57.8		5	58.3		t検定		
8		6	59.5		6	60.9		0.03429804		
9		7	52.2		7	56.3				
10		8	55.7		8	57.1				
11		9	56.8							
12		10	54.7							
13										

0.05以下なので「平均値には差がある」

3.5.4 関数「T.TEST」でt検定を行う（不等分散）

続いては、**図3-4**（P97、**不等分散**の場合）を例に、**関数「F.TEST」**と**関数「T.TEST」**でt検定を行ってみましょう。

① **関数「F.TEST」**で**F検定**を行います。引数には、データが入力されている2つのセル範囲を指定します。

（⇒）3.2　F検定で母集団の分散を比較する

	A	B	C	D	E	F	G	H	I	J
1		養鶏場A			養鶏場C					
2		サンプル	重さ(g)		サンプル	重さ(g)				
3		1	56.5		1	58.4				
4		2	51.2		2	66.8		F検定		
5		3	56.9		3	62.5		=F.TEST(C3:C12,F3:F7)		
6		4	57.1		4	52.3				
7		5	57.8		5	55.6		t検定		
8		6	59.5							
9		7	52.2							
10		8	55.7							
11		9	56.8							
12		10	54.7							
13										
14		標本平均	55.84		標本平均	59.12				
15										

=F.TEST(セル範囲,セル範囲)

② 関数「F.TEST」の結果は0.05以下になるため、不等分散であると考えられす。よって、「=T.TEST(セル範囲, セル範囲, 2, 3)」で *t* 検定を行います。

	A	B	C	D	E	F	G	H	I	J
1		養鶏場A				養鶏場C				
2		サンプル	重さ(g)		サンプル	重さ(g)				
3		1	56.5		1	58.4				
4		2	51.2		2	66.8		F検定		
5		3	56.9		3	62.5		0.04031731		
6		4	57.1		4	52.3				
7		5	57.8		5	55.6		t検定		
8		6	59.5					=T.TEST(C3:C12,F3:F7,2,3)		
9		7	52.2							
10		8	55.7							
11		9	56.8							
12		10	54.7							
13										

=T.TEST(セル範囲, セル範囲, 2, 3)

③ 関数「T.TEST」の結果は0.05より大きいため、「**平均値に差があるとは言い切れない**」と考えます。すなわち、「養鶏場A」と「養鶏場C」で卵のサイズ（重さ）は同じかもしれないし、そうでないかもしれない、という結論に達します。

	A	B	C	D	E	F	G	H	I	J
1		養鶏場A				養鶏場C				
2		サンプル	重さ(g)		サンプル	重さ(g)				
3		1	56.5		1	58.4				
4		2	51.2		2	66.8		F検定		
5		3	56.9		3	62.5		0.04031731		
6		4	57.1		4	52.3				
7		5	57.8		5	55.6		t検定		
8		6	59.5					0.27604099		
9		7	52.2							
10		8	55.7							
11		9	56.8							
12		10	54.7							
13										

0.05より大きいため、「平均値に差があるとは言い切れない」

「平均値の差」と「*t* 検定の結果」

　養鶏場A、B、Cの**標本平均**を単純に比較すると、養鶏場A ＜ 養鶏場B ＜ 養鶏場C という関係になります。しかし、それぞれについて ***t* 検定**を行うと、「養鶏場A」と「養鶏場B」には差がある、「養鶏場A」と「養鶏場C」には差があるとは言い切れないという結論に達します。このように、「平均値の差」が大きいからといって必ずしも"差がある"とは限りません。注意するようにしてください。

3.6 対応がある場合のt検定

2つの異なる集団ではなく、同じ集団（標本）に対して繰り返し調査を行い、それぞれの平均値を比較する場合は、**対応のあるt検定**で「平均値の差」を検証します。続いては、対応のあるt検定について解説します。

3.6.1 「対応がある」とは？

これまでは、「養鶏場A」と「養鶏場B」のように2つの異なる集団について調査結果の平均値を比較しました。これに対して、同じ集団（標本）に繰り返し調査を行い、それぞれの平均値を比較する場合もあります。

たとえば、「養鶏場A」が卵のサイズ（重さ）をもっと大きくしたいと考え、餌や飼育方法の改良実験を行ったとします。この実験は、以前に「卵の重さ」を測定した10羽の鶏（鶏①〜⑩）に対して実施されました。1ヶ月後、改良の成果を確かめるために「卵の重さ」を再測定してみると、**図3-5**のような結果が得られました。

	A	B	C	D	E	F
1		卵の重さ(g)の変化				
2		サンプル	5月1日	6月1日		
3		鶏①	56.5	57.1		
4		鶏②	51.2	55.4		
5		鶏③	56.9	57.3		
6		鶏④	57.1	58.3		
7		鶏⑤	57.8	56.8		
8		鶏⑥	59.5	57.5		
9		鶏⑦	52.2	56.8		
10		鶏⑧	55.7	59.4		
11		鶏⑨	56.8	55.9		
12		鶏⑩	54.7	58.7		
13						
14		標本平均	55.84	57.32		
15						
16						

図3-5　実験前後の「卵の重さ」の調査結果

このように、同じ標本（鶏①〜⑩）に対して2回調査することを**対応がある**といいます。一方、これまでの例のように標本が異なる調査は**対応がない**といいます。

　もちろん対応がある場合も、平均値を比較するときは、その差の有意／無意を検証しなければいけません。たとえば図3-5の結果を見ると、標本平均が55.84（g）から57.32（g）に増えているのを確認できます。ただし、6月1日の卵がたまたまサイズの大きい（重たい）卵であった可能性も否めません。そこで、**t検定**で「**平均値の差**」が有意であるかを判断する必要があります。

3.6.2 対応がある場合のt検定

　図3-5のように**対応のある**調査では、以下の数式で**tの値**を算出します。

$$t = \frac{標本平均A - 標本平均B}{\sqrt{\dfrac{差の不偏分散}{標本数}}} \quad （数式3\text{-}f）$$

　（**数式3-f**）に含まれる**差の不偏分散**とは、「各標本のデータの差」について**不偏分散**を算出したものです。たとえば、図3-5の場合は、鶏①が（57.1－56.5）＝0.6、鶏②が（55.4－51.2）＝4.2、鶏③が（57.3－56.9）＝0.4、……と各標本の差を求めていきます。そして、これらの不偏分散を算出したものが「差の不偏分散」となります。また、対応のあるt検定では**自由度**を（**標本数**）**－1**とします。

$$t分布の自由度 = 標本数 - 1 \quad （数式3\text{-}g）$$

　以降の手順は、これまでに解説してきたt検定と同じです。すなわち、**tの値**と**確率95%のtの値**を比較し、その結果に応じて「平均値には差がある」または「平均値に差があるとは言い切れない」という結論を導き出します。

3.6.3 Excelで*t*検定（対応あり）を行う

　それでは、**図3-5**を例に**対応のある*t*検定**の手順を解説していきましょう。対応のある調査では、以下のように*t*検定を行います。

① 対応のある*t*検定では、**各標本の差**や**差の不偏分散**といった指標が必要になります。よって、以下のようにセルを準備します。また、**標本平均**を**関数「AVERAGE」**で算出しておきます。

	A	B	C	D	E	F	G
1		卵の重さ(g)の変化					
2		サンプル	5月1日	6月1日	差		
3		鶏①	56.5	57.1			
4		鶏②	51.2	55.4			
5		鶏③	56.9	57.3			
6		鶏④	57.1	58.3			
7		鶏⑤	57.8	56.8			
8		鶏⑥	59.5	57.5			
9		鶏⑦	52.2	56.8			
10		鶏⑧	55.7	59.4			
11		鶏⑨	56.8	55.9			
12		鶏⑩	54.7	58.7			
13							
14		標本平均	55.84	57.32			
15		不偏分散					
16							
17		◆t検定					
18		tの値					
19		確率95%のt					
20							

② 引き算の数式を入力し、**各標本の差**を求めます。

	A	B	C	D	E	F	G
1		卵の重さ(g)の変化					
2		サンプル	5月1日	6月1日	差		
3		鶏①	56.5	57.1	=D3-C3		← 各標本の差を求める
4		鶏②	51.2	55.4			
5		鶏③	56.9	57.3			
6		鶏④	57.1	58.3			
7		鶏⑤	57.8	56.8			
8		鶏⑥	59.5	57.5			
9		鶏⑦	52.2	56.8			
10		鶏⑧	55.7	59.4			
11		鶏⑨	56.8	55.9			
12		鶏⑩	54.7	58.7			
13							

③ 入力した数式を**オートフィル**でコピーすると、すべての標本について差を簡単に算出できます。

(⇒) AP-04 オートフィル

	サンプル	5月1日	6月1日	差
	鶏①	56.5	57.1	0.6
	鶏②	51.2	55.4	
	鶏③	56.9	57.3	
	鶏④	57.1	58.3	
	鶏⑤	57.8	56.8	
	鶏⑥	59.5	57.5	
	鶏⑦	52.2	56.8	
	鶏⑧	55.7	59.4	
	鶏⑨	56.8	55.9	
	鶏⑩	54.7	58.7	

卵の重さ(g)の変化

オートフィルで数式をコピー

④ 続いて、「**各標本の差**」の平均を求めます。これは**関数**「**AVERAGE**」で算出できます。なお、この結果は（標本平均B）−（標本平均A）と同じ値になります。

(⇒) 1.1.2 Excel で平均値を求める（AVERAGE）

卵の重さ(g)の変化

	サンプル	5月1日	6月1日	差
	鶏①	56.5	57.1	0.6
	鶏②	51.2	55.4	4.2
	鶏③	56.9	57.3	0.4
	鶏④	57.1	58.3	1.2
	鶏⑤	57.8	56.8	-1.0
	鶏⑥	59.5	57.5	-2.0
	鶏⑦	52.2	56.8	4.6
	鶏⑧	55.7	59.4	3.7
	鶏⑨	56.8	55.9	-0.9
	鶏⑩	54.7	58.7	4.0
	標本平均	55.84	57.32	=AVERAGE(E3:E12)
	不偏分散			
◆ t検定				
	tの値			
	確率95%のt			

「各標本の差」について平均を求める

⑤ 次は**不偏分散**の算出です。**関数「VAR.S」**を利用し、それぞれの不偏分散を求めます。「5月1日」と「6月1日」の不偏分散は、必ずしも t 検定に必要な指標ではありませんが、ここでは参考として算出しておきます。

（⇒）2.3.3　Excelで不偏分散を求める（VAR.S）

卵の重さ(g)の変化

サンプル	5月1日	6月1日	差
鶏①	56.5	57.1	0.6
鶏②	51.2	55.4	4.2
鶏③	56.9	57.3	0.4
鶏④	57.1	58.3	1.2
鶏⑤	57.8	56.8	-1.0
鶏⑥	59.5	57.5	-2.0
鶏⑦	52.2	56.8	4.6
鶏⑧	55.7	59.4	3.7
鶏⑨	56.8	55.9	-0.9
鶏⑩	54.7	58.7	4.0
標本平均	55.84	57.32	1.48
不偏分散	=VAR.S(C3:C12)		

不偏分散を求める

⑥ 不偏分散を求める関数「VAR.S」も**オートフィル**でコピーすると、関数を何回も入力する手間を省けます。

（⇒）AP-04　オートフィル

卵の重さ(g)の変化

サンプル	5月1日	6月1日	差
鶏①	56.5	57.1	0.6
鶏②	51.2	55.4	4.2
鶏③	56.9	57.3	0.4
鶏④	57.1	58.3	1.2
鶏⑤	57.8	56.8	-1.0
鶏⑥	59.5	57.5	-2.0
鶏⑦	52.2	56.8	4.6
鶏⑧	55.7	59.4	3.7
鶏⑨	56.8	55.9	-0.9
鶏⑩	54.7	58.7	4.0
標本平均	55.84	57.32	1.48
不偏分散	6.38		

オートフィルで関数をコピー

⑦ これで*t*検定（対応あり）の準備は完了です。（**数式3-f**）に従って***t*の値**を求めます。平方根の計算には**関数「SQRT」**を利用します。

	A	B	C	D	E	F	G
1		卵の重さ(g)の変化					
2		サンプル	5月1日	6月1日	差		
3		鶏①	56.5	57.1	0.6		
4		鶏②	51.2	55.4	4.2		
5		鶏③	56.9	57.3	0.4		
6		鶏④	57.1	58.3	1.2		
7		鶏⑤	57.8	56.8	-1.0		
8		鶏⑥	59.5	57.5	-2.0		
9		鶏⑦	52.2	56.8	4.6		
10		鶏⑧	55.7	59.4	3.7		
11		鶏⑨	56.8	55.9	-0.9		
12		鶏⑩	54.7	58.7	4.0		
13							
14		標本平均	55.84	57.32	1.48		
15		不偏分散	6.38	1.50	6.04		
16							
17		◆t検定					
18		tの値	=(C14-D14)/SQRT(E15/10)				
19		確率95%のt					
20							
21							

（**数式3-f**）で*t*の値を求める

⑧ 今回の例では「*t*の値」が-1.904になりました。続いて、**確率95%の*t*の値**を**関数「T.INV.2T」**で求めます。今回の例では、**自由度**は（10-1）＝9となります。

（⇒）2.4.3　*t*分布の値をExcel関数で求める（T.INV.2T）

	A	B	C	D	E	F	G
4		鶏②	51.2	55.4	4.2		
5		鶏③	56.9	57.3	0.4		
6		鶏④	57.1	58.3	1.2		
7		鶏⑤	57.8	56.8	-1.0		
8		鶏⑥	59.5	57.5	-2.0		
9		鶏⑦	52.2	56.8	4.6		
10		鶏⑧	55.7	59.4	3.7		
11		鶏⑨	56.8	55.9	-0.9		
12		鶏⑩	54.7	58.7	4.0		
13							
14		標本平均	55.84	57.32	1.48		
15		不偏分散	6.38	1.50	6.04		
16							
17		◆t検定					
18		tの値	-1.904				
19		確率95%のt	=T.INV.2T(0.05,9)				
20							
21							

*t*の値

=T.INV.2T(危険率,自由度)

⑨ 今回の例では「確率95％のtの値」は2.262になりました。よって、確率95％の範囲は−2.262〜2.262となります。

	サンプル	5月1日	6月1日	差
1	卵の重さ(g)の変化			
3	鶏①	56.5	57.1	0.6
4	鶏②	51.2	55.4	4.2
5	鶏③	56.9	57.3	0.4
6	鶏④	57.1	58.3	1.2
7	鶏⑤	57.8	56.8	-1.0
8	鶏⑥	59.5	57.5	-2.0
9	鶏⑦	52.2	56.8	4.6
10	鶏⑧	55.7	59.4	3.7
11	鶏⑨	56.8	55.9	-0.9
12	鶏⑩	54.7	58.7	4.0
14	標本平均	55.84	57.32	1.48
15	不偏分散	6.38	1.50	6.04
17	◆t検定			
18	tの値	-1.904		
19	確率95％のt	2.262		確率95％のtの値（絶対値）

　この結果を見ると、**tの値**である−1.904が確率95％の範囲（−2.262〜2.262）に含まれていることがわかります。よって、「**平均値に差があるとは言い切れない**」という結論に達します。言い換えると、「残念ながら今回の改良実験は成果があったと断定できない」という結論になります。

3.6.4 「差の平均値」の95％信頼区間で調べる

　対応のある調査の平均値を比較するときは、「**各標本の差**」の平均値について**95％信頼区間**を算出してみるのも効果的です。この場合は「各標本の差」をデータと考え、その平均値について95％信頼区間を調べます。

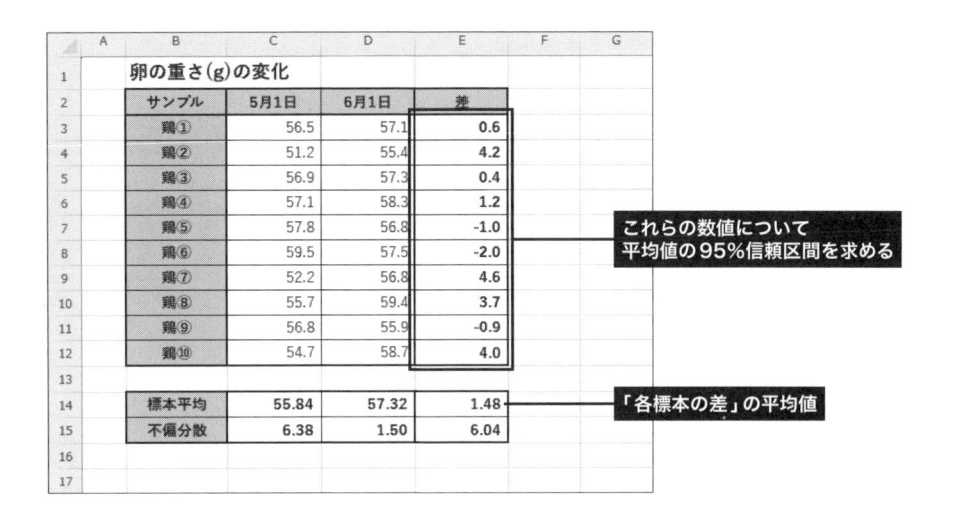

　今回の例では、「**各標本の差**」の平均値の95%信頼区間は−0.28〜3.24になりました（詳しい計算方法は本書の2.4節を参照）。この95%信頼区間には0（ゼロ）も含まれています。よって、2つの調査結果の「**平均値に差があるとは言い切れない**」という結論に達します。

　なお、95%信頼区間の数値を見ると、改良後の「卵の重さ」はマイナス0.28（g）〜プラス3.24（g）になると考えられます。このように、対応のある調査では「**各標本の差**」の平均値について**95%信頼区間**を調べたほうが、結果を感覚的に把握しやすい場合もあります。状況に応じてt検定と併用してください。

分析ツールの利用と関数「T.TEST」

　対応のある調査も、**分析ツール**や**関数「T.TEST」**で t 検定を行うことが可能です。この場合は「各標本の差」や「不偏分散」を求める必要はありません。

　分析ツールを使用する場合は、**「t検定：一対の標本による平均の検定」**を選択し、各データのセル範囲、危険率、出力先を指定します。

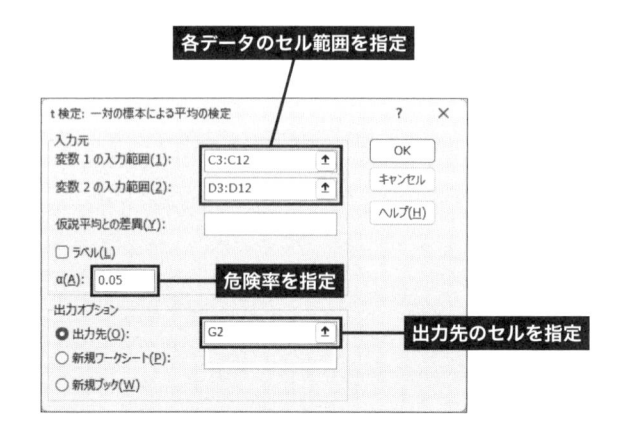

　関数「T.TEST」の場合は、「=T.TEST(セル範囲, セル範囲, 2, 1)」で t 検定を行い、その結果が 0.05 以下であれば「平均値には差がある」と考えます。

対応のある調査のF検定

　対応のある調査では、あらかじめ**F検定**を行う必要はありません。ただし、結果を多角的に検証するという観点において、F検定が有効になる場合もあります。

　たとえば、先ほどの図3-5で**関数「F.TEST」**を実行すると、その結果は 0.04236……になり、**不等分散**であると考えられます。つまり、実験の前後で分散が変化したと判断できます。「5月1日」の不偏分散が6.38、「6月1日」の不偏分散が1.50であることを考えると、「改良により分散が小さくなった」という結論に達します。

　よって、「卵の重さは重くなったとは言い切れないが、ばらつきは小さくなった」という結論を導き出せます。サイズの均一化をひとつの成果として考えれば、「今回の改良実験も全くの無駄ではなかった」と認識できると思います。

3.7 比率の比較（χ^2検定）

2つの調査結果について、その**比率**を比較するときは、**χ^2検定（カイ2乗検定）**という手法で検証を行います。続いては、χ^2検定をExcelで行う方法を解説します。

3.7.1 比率の比較とは？

これまでは2つの調査の平均値を比較しました。しかし、平均値ではなく**比率**を比較したい場合もあると思います。

たとえば、**図3-6**は、「養鶏場A」と「養鶏場B」で「鶏の数」と「採れた卵の数」を調べた結果です。ただし、いずれも「鶏の数」が膨大であるため、その一部についてサンプル調査を行った結果となります。

	A	B	C	D	E	F
1						
2		◆実測値				
3			養鶏場A	養鶏場B		
4		鶏の数	3497	1621		
5		採れた卵の数	2874	1214		
6						
7		産卵率	82.2%	74.9%		
8						
9						

図3-6　「養鶏場A」と「養鶏場B」の産卵率

この場合、それぞれ「鶏の数」が異なるため、産卵率（採れた卵の数／鶏の数）が比較の基準になります。そこで産卵率を計算すると、「養鶏場A」は（2874／3497）≒82.2%、「養鶏場B」は（1214／1621）≒74.9%という結果になりました。これを単純に比較すると「養鶏場A」の方が産卵率が良いことになります。しかし、この結果をそのまま信頼できるでしょうか？　もしかすると調査した日にたまたま「養鶏場A」で多くの卵が採れた可能性もあります。このような場合に、両者の差が**有意**であるかを検証できるのが**χ^2検定（カイ2乗検定）**です。

鶏の産卵周期

　通常、鶏は1日に1個の卵を産みます。ただし、体内で卵が成長するのに24～25時間かかるため、産卵時刻は少しずつズレていきます。たとえば、朝8時に産卵したら翌日は朝9時に産卵する、という具合です。また、夜寝ている間は卵を産まないため、産卵時刻が夜間にずれ込むと、その日の産卵はお休みとなります。よって、数日間卵を産み続けたら1日（または2、3日）休む、という産卵周期になります。また、鶏は歳をとるにつれて卵を産むペースが少しずつ低下していく傾向があります。

3.7.2 期待値の算出

　χ^2検定を行う場合も、はじめに**帰無仮説**を仮定します。そして、帰無仮説を否定できたときに「両者に差がある」という結論に達します。**図**3-6の場合、帰無仮説と対立仮説は以下のようになります。

> 帰無仮説：「養鶏場A」と「養鶏場B」の産卵率には差がない
> 対立仮説：「養鶏場A」と「養鶏場B」の産卵率には差がある

　このとき、帰無仮説を検証するためにA＝Bとなる基準点を定めなければいけません。そこで、まずは各行、各列について合計を算出します。

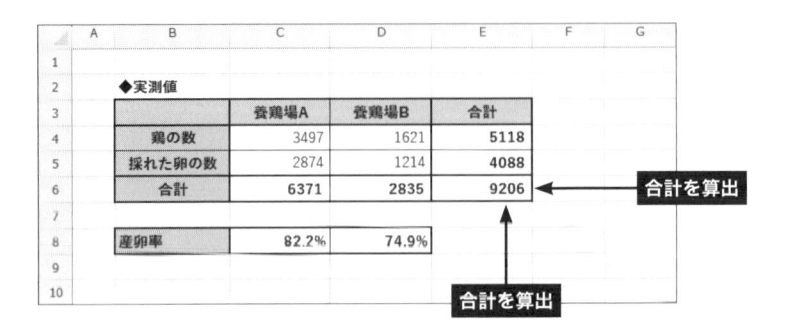

　続いて、この表から合計だけを書き写した表を作成し、これをもとに各項目の基準点となる**期待値**を算出します。

	養鶏場A	養鶏場B	合計
◆実測値			
鶏の数	3497	1621	5118
採れた卵の数	2874	1214	4088
合計	6371	2835	9206
産卵率	82.2%	74.9%	
◆期待値			
鶏の数			5118
採れた卵の数			4088
合計	6371	2835	9206

図3-7　合計だけを書き写した期待値の表

　各項目の期待値は、合計の比率に応じて比例配分します。たとえば「鶏の数」は、「養鶏場A」が（6371 / 9206）の比率、「養鶏場B」が（2835 / 9206）の比率で、その合計が5118になるように比例配分します。「採れた卵の数」も同じ比率で、その合計が4088になるように比例配分します。これを数式で表すと以下のようになります。

$$期待値 = \frac{（行の合計）\times（列の合計）}{総計}　　　（数式3\text{-}h）$$

　それでは、図3-6を例に**期待値**の表を実際に完成させてみましょう。

① 項目ごとの合計を足し算（または**関数「SUM」**）で求めます。全合計となる総計は、列または行を合計して求めます。

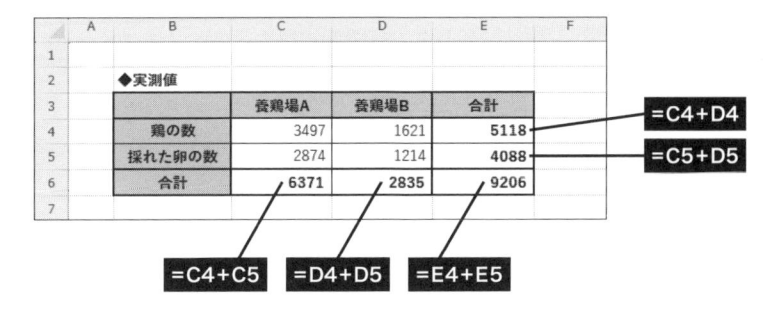

② 続いて、**期待値を算出する表を以下のように作成し、それぞれの合計を書き写し
ます**（または「＝セル番号」でセルの値を参照します）。

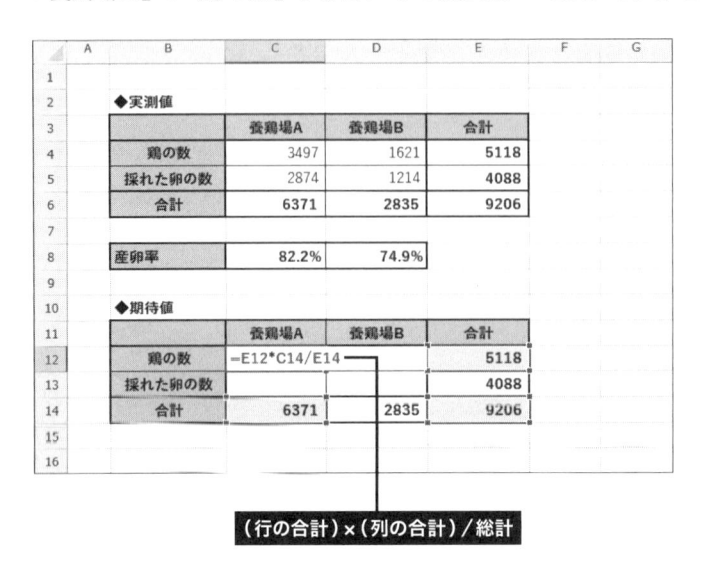

◆実測値

	養鶏場A	養鶏場B	合計
鶏の数	3497	1621	5118
採れた卵の数	2874	1214	4088
合計	6371	2835	9206

産卵率	82.2%	74.9%

◆期待値

	養鶏場A	養鶏場B	合計
鶏の数			5118
採れた卵の数			4088
合計	6371	2835	9206

期待値の表を作成し、合計を書き写す

③ あとは（**数式3-h**）のとおりに各項目の期待値を算出するだけです。たとえば、
「養鶏場A」の「鶏の数」の場合、その数式は「＝E12＊C14／E14」となります。

◆実測値

	養鶏場A	養鶏場B	合計
鶏の数	3497	1621	5118
採れた卵の数	2874	1214	4088
合計	6371	2835	9206

産卵率	82.2%	74.9%

◆期待値

	養鶏場A	養鶏場B	合計
鶏の数	=E12*C14/E14		5118
採れた卵の数			4088
合計	6371	2835	9206

（行の合計）×（列の合計）／総計

④ 同様に「養鶏場A」の「採れた卵の数」の場合は、「＝E13＊C14／E14」で期待値を算出できます。

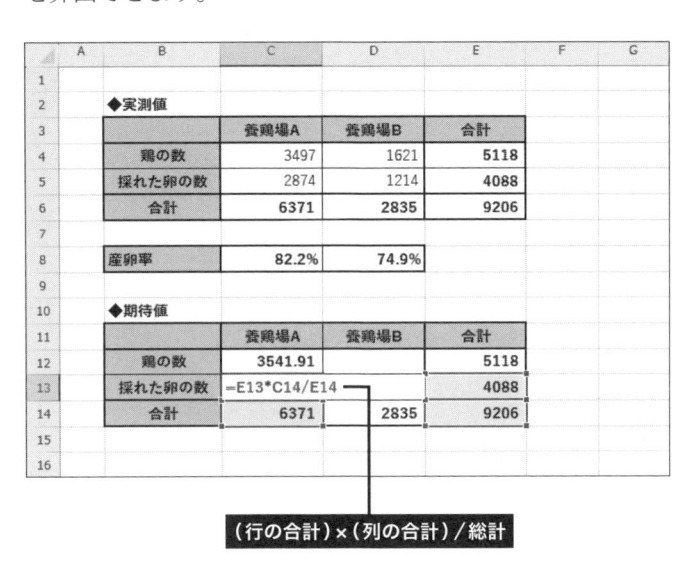

（行の合計）×（列の合計）／総計

⑤ 同様の計算を行い、全項目について期待値を求めます。これで期待値の表は完成となります。

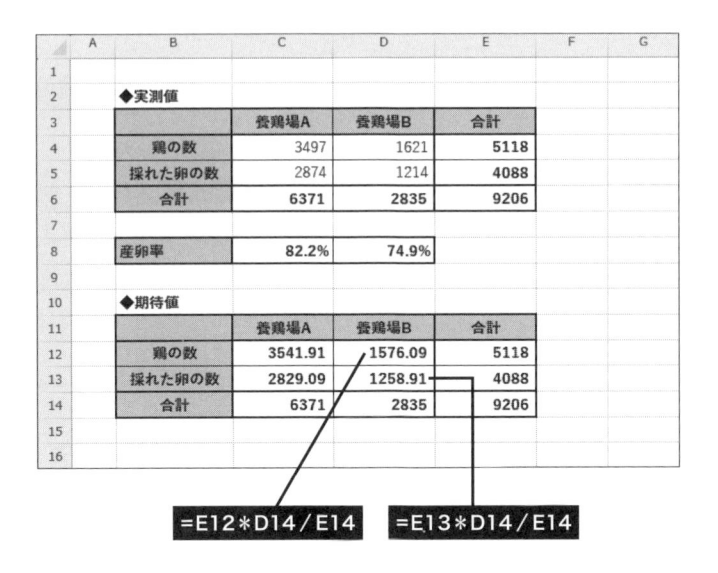

=E12＊D14／E14　　=E13＊D14／E14

χ^2検定が使えない場合

　期待値を算出した結果、いずれかの期待値が5以下になる場合は、誤差が大きくなるためχ^2検定は適切な検定方法となりません。このような場合は、調査する標本数を増やして期待値を大きくするか、もしくは**フィッシャーの正確確率検定**を行わなければいけません。なお、フィッシャーの正確確率検定については、統計学の専門書などで検定方法を学習してください。

3.7.3 Excelでχ^2検定を行う

　これでχ^2**検定**を行う準備ができました。あとは、χ^2**の値**と**確率95%のχ^2の値**を求めて比較すれば、差の有意／無意を確認できます。

　χ^2**の値**は、それぞれの項目について（**実測値−期待値**）^{2}／（**期待値**）を計算し、それを**全項目について合計**すると算出できます。数式で表すと以下のようになります。

$$\chi^2 = \sum \frac{\left(\text{実測値} - \text{期待値}\right)^2}{\text{期待値}} \qquad （数式3\text{-}i）$$

　確率95%のχ^2の値は、χ^2**分布表**（または**関数「CHISQ.INV.RT」**）で求めます。このときの**自由度**は（**行数−1**）×（**列数−1**）となります。図3-6（P121）に示した例の場合、2行×2列のデータになるため、（2−1）×（2−1）＝1が自由度となります。

$$\chi^2\text{分布の自由度} = \left(\text{行数} - 1\right) \times \left(\text{列数} - 1\right) \qquad （数式3\text{-}j）$$

◆ χ^2の値を求める関数「CHISQ.INV.RT」の書式

=CHISQ.INV.RT(危険率 , 自由度)

■ χ^2分布表

自由度	確率95%	確率99%
1	3.841	6.635
2	5.991	9.210
3	7.815	11.345
4	9.488	13.277
5	11.070	15.086
6	12.592	16.812
7	14.067	18.475
8	15.507	20.090
9	16.919	21.666
10	18.307	23.209
11	19.675	24.725
12	21.026	26.217
13	22.362	27.688
14	23.685	29.141
15	24.996	30.578
16	26.296	32.000
17	27.587	33.409
18	28.869	34.805
19	30.144	36.191
20	31.410	37.566
30	43.773	50.892
40	55.758	63.691
50	67.505	76.154
60	79.082	88.379
70	90.531	100.425
80	101.879	112.329
90	113.145	124.116
100	124.342	135.807

それでは実際に、先ほどの例でχ^2検定を行ってみましょう。

① 各項目の**期待値**を算出できたら、以下のような形式でχ^2**検定**を行うためのセルを準備します。

χ²検定のセルを準備

② 続いて、項目ごとに（**実測値−期待値**）^{2}／（**期待値**）を算出していきます。たとえば、「養鶏場A」の「鶏の数」の場合、「＝(C4−C12)^2／C12」と数式を入力します。

（⇒）AP-01　数式の入力

（**実測値−期待値**）^{2}／（**期待値**）

③ 同様に、他の項目についても（実測値−期待値）^{2}／（期待値）を算出します。

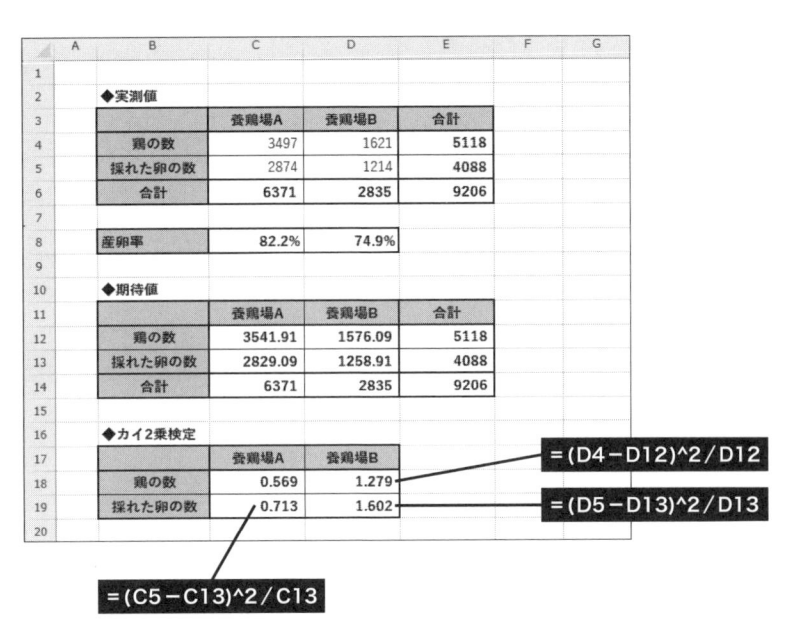

④ 全項目について（実測値−期待値）^{2}／（期待値）を算出できたらχ^2の値を求めます。これは、合計を算出する**関数「SUM」**を利用すると求められます。

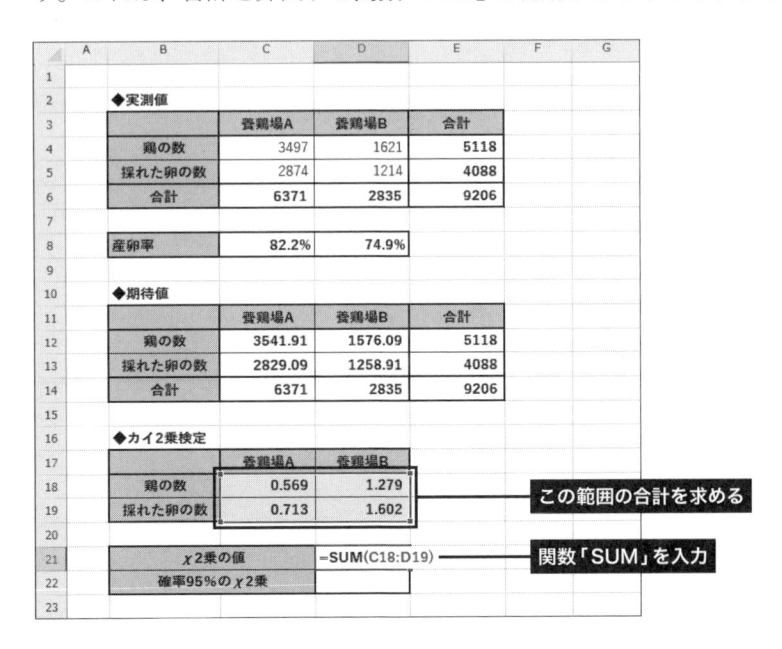

⑤ 今回の例では「χ^2の値」が4.163になりました。続いて、**確率95%のχ^2の値**を関数「**CHISQ.INV.RT**」で求めます。通常、危険率には0.05を指定します。自由度は（行数−1）×（列数−1）なので、今回の例では（2−1）×（2−1）＝1となります。

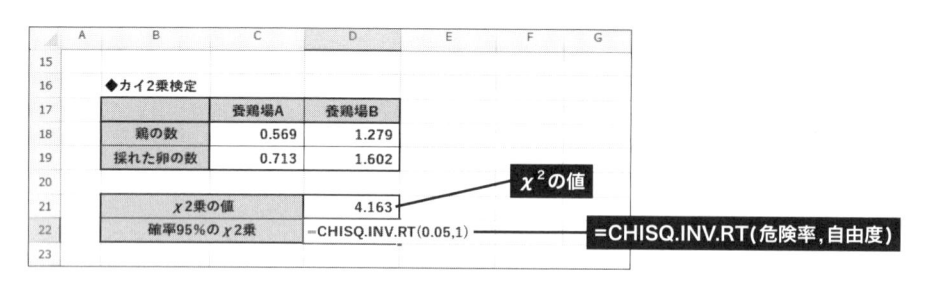

⑥ 今回の例では「確率95%のχ^2の値」が3.841になりました。χ^2検定は片側検定になるため、確率95%の範囲は0〜3.841となります。

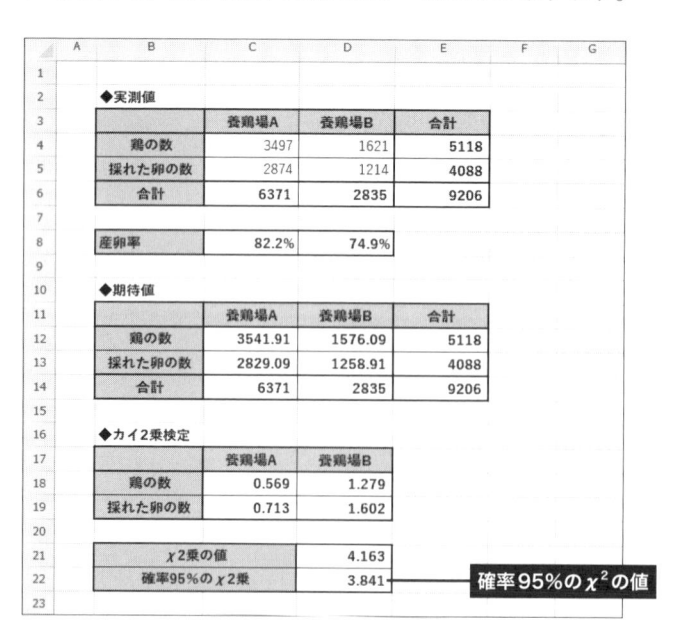

　この結果を見ると、**χ^2の値**は4.163で、**確率95%の範囲（0〜3.841）**の外側にあります。よって、帰無仮説は否定され、「**両者の比率には差がある**」という結論に達します。すなわち、「**養鶏場A**」の方が「**養鶏場B**」より産卵率が高い、と考えられます。

　なお、χ^2の値が確率95%の範囲内に含まれていた場合は、帰無仮説を否定できないため、「**両者の比率に差があるとは言い切れない**」という結論になります。

3.7.4 関数「CHISQ.TEST」でχ^2検定を行う

　Excelには、χ^2検定を行う**関数「CHISQ.TEST」**が用意されています。ただし、この関数を利用する場合も、**期待値**は自分で算出しておく必要があります。

　関数「CHISQ.TEST」は以下のような書式で、引数に**実測値のセル範囲**と**期待値のセル範囲**を指定します。このとき、各々のセル範囲の行と列を、1対1で対応させておく必要があります。

◆ χ^2検定を行う関数「CHISQ.TEST」の書式

> **=CHISQ.TEST(実測値のセル範囲, 期待値のセル範囲)**

　関数「CHISQ.TEST」により算出される値は、**χ^2の確率値**となる点にも注意しなければいけません。このため、信頼区間95%（危険率5%）の場合、0.05を基準に以下のように結論を下します。

■関数「CHISQ.TEST」の結果が
　・**0.05より大きい場合** ……… **比率に差があるとは言い切れない**
　　　　　　　　　　　　　　　（帰無仮説を否定できない）
　・**0.05以下の場合** …………… **比率に差がある**
　　　　　　　　　　　　　　　（帰無仮説を否定）

　たとえば、図3-7（P123）を関数「CHISQ.TEST」でχ^2検定する場合は、次ページのように操作します。

① 各行と各列の合計を算出し、これをもとに**期待値**を算出します。続いて、**関数**「**CHISQ.TEST**」を入力します。今回の例では、「=CHISQ.TEST(C4:D5,C12:D13)」と関数を入力します。

(⇒) 3.7.2　期待値の算出

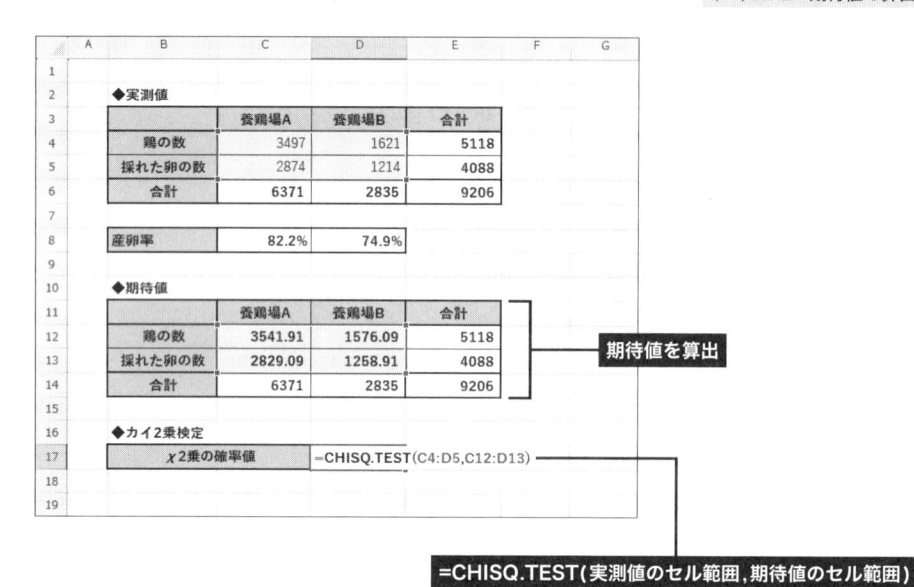

② 今回の例では、関数「CHISQ.TEST」の結果が0.0413……になりました。この値は**0.05以下**であるため、「**比率には差がある**」という結論に達します。

第 4 章

分散分析

第4章では、3つ以上の集団の平均値を比較する場合、ならびに複数の要因がある調査を比較する場合の統計処理について解説します。このような場合は**分散分析**という手法を用いて検証するのが一般的です。

4.1 分散分析とは？

　分散分析とは、データのばらつきが「単なる誤差」なのか、それとも何らかの原因により生じた「意味のある差」なのかを判断するための統計処理です。まずは、分散分析の基本的な考え方を解説します。

4.1.1 分散分析の考え方

　ここでは、以下のデータを例に解説を進めていきます。**図4-1**は、ゴルフ仲間である「Aさん」、「Bさん」、「Cさん」がボールの飛距離を競い合ったときの記録です。それぞれ10回ずつボールを打ちましたが、計測不可（OB）となったボールが「Bさん」は2個、「Cさん」は3個あったため、各自のデータ数（標本数）は「Aさん」が10個、「Bさん」が8個、「Cさん」が7個になっています。ちなみに、飛距離の**平均値**が最も大きかったのは「Bさん」で、その記録は平均230.25ydでした。

	Aさん	Bさん	Cさん
1打目	201	197	215
2打目	184	267	計測不可
3打目	201	236	計測不可
4打目	239	計測不可	254
5打目	167	179	197
6打目	187	237	241
7打目	236	計測不可	計測不可
8打目	235	257	216
9打目	171	271	211
10打目	187	198	219
平均	200.80	230.25	221.86

図4-1　飛距離の測定値

　単なる数字の比較であれば、これで話は終了です。しかし、「誰が最も遠くに飛ばすのが上手？」となると、少し話は変わってきます。この結果だけを見ると「Bさん」が上手そうに見えますが、今回の計測時にたまたまナイスショットを連発した可能性もあります。そこで、3人の「**平均値の差が統計学的に有意であるか？**」を判断してみましょう。

　これまでは、平均値の比較に **t検定** を使用しました。しかし、t検定で比較できるのは「2つの平均値」（2つの集団）だけです。比較する平均値（集団）が3つ以上あるときは、**分散分析** という手法で「平均値の差」を検証しなければいけません。

　まずは、分散分析の基本的な考え方から解説していきます。分散分析を行う場合も、はじめに「すべての平均値に差はない」という **帰無仮説** を立てます。そして、帰無仮説を否定できた場合に「差がある」と判断します。このとき、帰無仮説の基準となるのは「全データの平均値」（**全平均**）であり、**図4-1** の場合は3人が打った「すべてのボールの平均値」となります。

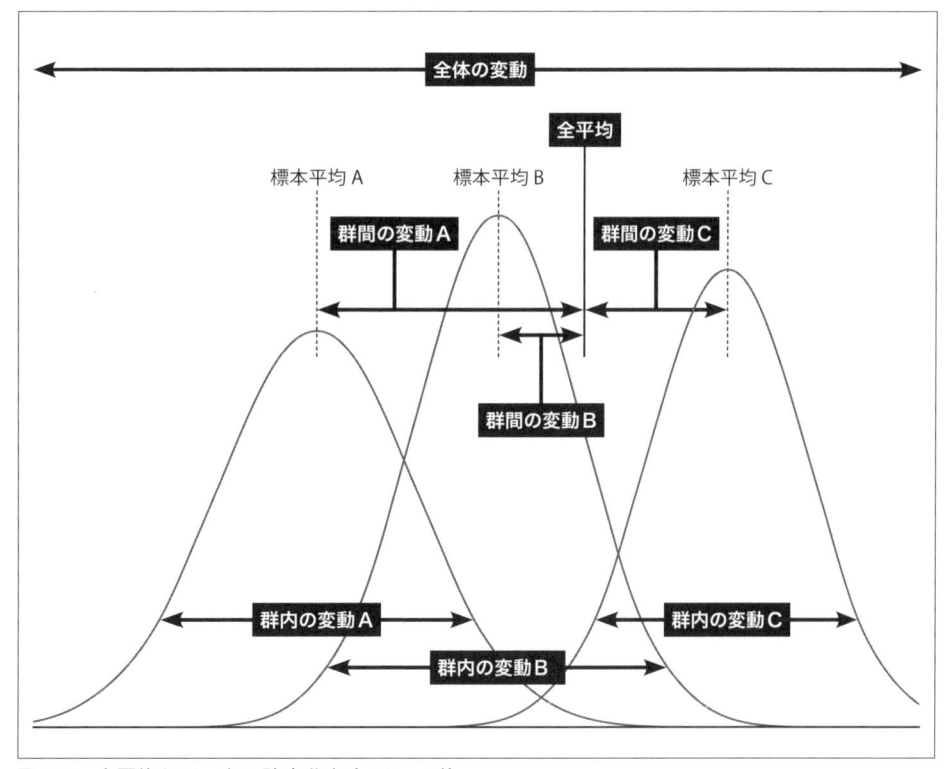

図4-2　全平均とデータの確率分布（イメージ）

続いて、それぞれの**変動**を調べていきます。変動とは（**値−平均値**）^{2}の合計のことで、**平方和**と呼ばれる場合もあります。分散分析では、以下の3つの変動を使って統計処理を進めていきます。

① **群間の変動**（級間変動、因子間変動）
「標本平均のばらつき」を表します。各集団で（**標本平均−全平均**）^{2}×（**標本数**）を計算し、それを**合計**すると算出できます。

② **群内の変動**（級内変動、誤差変動）
「集団内のばらつき」を表します。その計算式は（値−標本平均）^{2}の合計となるため、各集団で（**標本分散**）×（**標本数**）を計算し、それを**合計**すると算出できます。

③ **全体の変動**
「各データのばらつき」を表します。その計算式は（値−全平均）^{2}の合計となるため、（**全データの標本分散**）×（**全データの標本数**）で算出できます。

また、これらの指標の間には以下の関係が成り立ちます。

（**群間の変動**）＋（**群内の変動**）＝（**全体の変動**）　　（①＋②＝③）

4.1.2　分散分析とF分布

分散分析では、**F分布**を利用して差の有意／無意を判定します。F分布は、本書の第3章で解説した**F検定**でも利用した分布のことで、「2つの分散が同じと考えられるか？」を検証するものです。

分散分析では、群内と群間について**分散（平均平方）**を比較し、**群内の分散**に対して**群間の分散**が十分に大きかった場合に、「それぞれの集団には差がある」＝「平均値にも差がある」と考えます。なお、それぞれの分散は、**変動を自由度で割る**と算出できます。

① 群間の自由度
　（標本平均の個数）− 1

② 群内の自由度
　（全データの個数）−（標本平均の個数）

③ 全体の自由度
　（全データの個数）− 1

　なお、変動の場合と同様に、自由度も以下の関係が成り立ちます。

（群間の自由度）＋（群内の自由度）＝（全体の自由度）　　（①＋②＝③）

　ここで、これまでの話を一度まとめておきましょう。

◆ 変動

　群間の変動 ＝（標本平均 − 全平均）^{2} ×（標本数）の合計
　群内の変動 ＝（値 − 標本平均）^{2} の合計
　　　　　　 ＝（標本分散）×（標本数）の合計
　全体の変動 ＝（値 − 全平均）^{2} の合計
　　　　　　 ＝（全データの標本分散）×（全データの標本数）

◆ 自由度

　群間の自由度 ＝（標本平均の個数）− 1
　群内の自由度 ＝（全データの個数）−（標本平均の個数）
　全体の自由度 ＝（全データの個数）− 1

◆ 分散

$$群間の分散 ＝ \frac{群間の変動}{群間の自由度} \qquad 群内の分散 ＝ \frac{群内の変動}{群内の自由度}$$

137

◆Fの値

$$F = \frac{\text{群間の分散}}{\text{群内の分散}}$$

◆群間、群内、全体の関係

（全体の変動）＝（群間の変動）＋（群内の変動）
（全体の自由度）＝（群間の自由度）＋（群内の自由度）

　少し複雑ですが、それぞれの計算に特に難しい点はありません。よって、ひとつずつ順番に計算していけばFの値を算出できます。よくわからない方は、4.2節に具体的な手順を示しておくので、これを参考にしながら頭を整理してください。

4.1.3 F分布表と関数「F.INV.RT」

　分散分析では、算出したFの値と確率95％のFの値を比較し、その結果に応じて以下のように結論を下します。

■Fの値が

- 「確率95％のFの値」以下 ……………… 平均値に差があるとは言い切れない
  （帰無仮説を否定できない）
- 「確率95％のFの値」より大きい ……… 平均値に差がある
  （帰無仮説を否定）

　「確率95％のFの値」はF分布表などで求めます。このとき、群間の自由度と群内の自由度の2つの自由度が必要となることに注意してください。関数「F.INV.RT」で「確率95％のFの値」を求めるときも、引数に2つの自由度を指定します。

◆Fの値を求める関数「F.INV.RT」の書式

=F.INV.RT(危険率, 群間の自由度, 群内の自由度)

たとえば、「群間の自由度」が2で、「群内の自由度」が25であった場合は、「=F.INV.RT(0.05,2,25)」と関数を入力します。もちろん、95%以外の信頼区間を採用するときは、それに応じて「危険率」の引数を変更しなければいけません。

■F分布表（確率95%＝危険率0.05）

群間の自由度

	1	2	3	4	5	6	7
1	161.448	199.500	215.707	224.583	230.162	233.986	236.768
2	18.513	19.000	19.164	19.247	19.296	19.330	19.353
3	10.128	9.552	9.277	9.117	9.013	8.941	8.887
4	7.709	6.944	6.591	6.388	6.256	6.163	6.094
5	6.608	5.786	5.409	5.192	5.050	4.950	4.876
6	5.987	5.143	4.757	4.534	4.387	4.284	4.207
7	5.591	4.737	4.347	4.120	3.972	3.866	3.787
8	5.318	4.459	4.066	3.838	3.687	3.581	3.500
9	5.117	4.256	3.863	3.633	3.482	3.374	3.293
10	4.965	4.103	3.708	3.478	3.326	3.217	3.135
11	4.844	3.982	3.587	3.357	3.204	3.095	3.012
12	4.747	3.885	3.490	3.259	3.106	2.996	2.913
13	4.667	3.806	3.411	3.179	3.025	2.915	2.832
14	4.600	3.739	3.344	3.112	2.958	2.848	2.764
15	4.543	3.682	3.287	3.056	2.901	2.790	2.707
16	4.494	3.634	3.239	3.007	2.852	2.741	2.657
17	4.451	3.592	3.197	2.965	2.810	2.699	2.614
18	4.414	3.555	3.160	2.928	2.773	2.661	2.577
19	4.381	3.522	3.127	2.895	2.740	2.628	2.544
20	4.351	3.493	3.098	2.866	2.711	2.599	2.514
30	4.171	3.316	2.922	2.690	2.534	2.421	2.334
40	4.085	3.232	2.839	2.606	2.449	2.336	2.249
50	4.034	3.183	2.790	2.557	2.400	2.286	2.199
60	4.001	3.150	2.758	2.525	2.368	2.254	2.167
70	3.978	3.128	2.736	2.503	2.346	2.231	2.143
80	3.960	3.111	2.719	2.486	2.329	2.214	2.126
90	3.947	3.098	2.706	2.473	2.316	2.201	2.113
100	3.936	3.087	2.696	2.463	2.305	2.191	2.103

群内の自由度

4.2 1要因の分散分析

ここからは**分散分析**の具体的な手順を紹介していきます。まずは、要因が1つの分散分析をExcelで処理する手順を解説します。

4.2.1 Excelで1要因の分散分析を行う

それでは**図4-1**（P134）を例に、「3人の標本平均に有意な差が認められるか？」を**分散分析**で検証していきましょう。以下にその手順を示しておくので、これを参考に分散分析を行ってください。

① まずは、**分散分析**の計算に必要となるセルを準備します。今回は、以下のようにセルを準備しました。

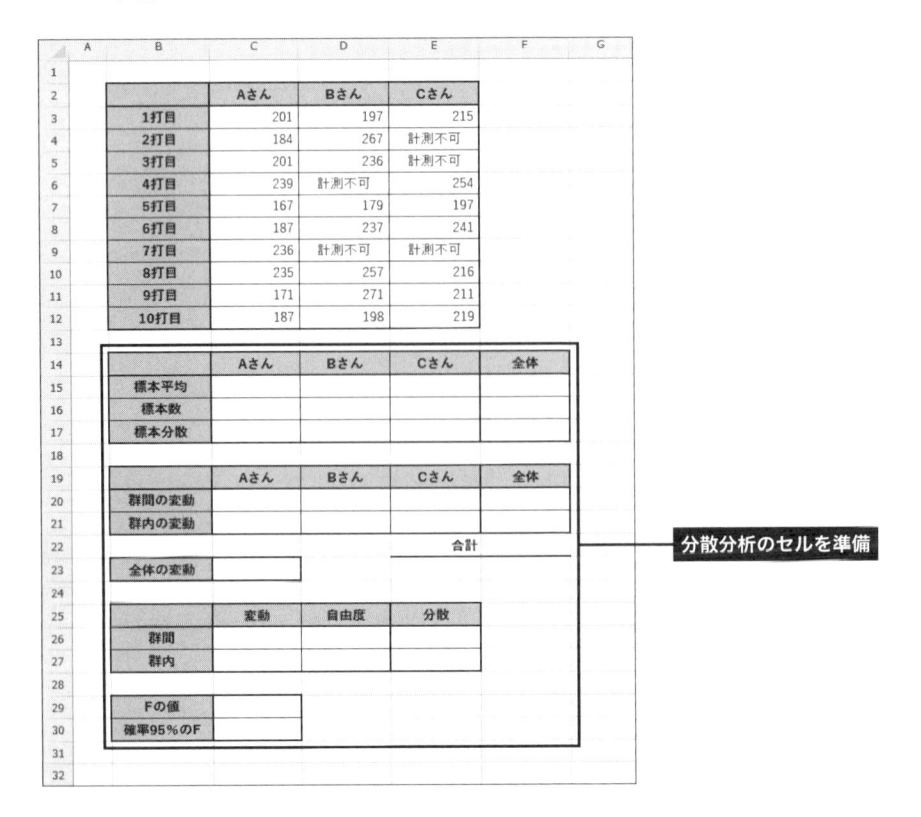

分散分析のセルを準備

②「Aさん」の標本平均を**関数**「**AVERAGE**」で算出します。同様に、標本数を**関数**「**COUNT**」、標本分散を**関数**「**VAR.P**」で求めます。

（⇒）2.1.3　Excelで標本平均と標本分散を求める（AVERAGE、VAR.P）

③ **オートフィル**を利用し、先ほど入力した関数を「Bさん」、「Cさん」にコピーします。これで3人の**標本平均**、**標本数**、**標本分散**を求めることができます。

（⇒）AP-04　オートフィル

オートフィルでコピー

引数のセル範囲と計算結果

　前ページのようにオートフィルを実行すると、関数のセル範囲に各列の3〜12行目が指定されます。「Bさん」と「Cさん」のセル範囲には「文字データ」が含まれていますが、このような状況でも正しい計算結果を得ることが可能です。

　「**AVERAGE**」や「**COUNT**」、「**VAR.P**」といった関数は、「空白セル」や「文字データ」を無視して計算する仕組みになっています。よって、セル範囲に「文字データ」が含まれている場合も正しい計算結果を得られます。ただし、「データなし」を0（ゼロ）と入力してしまうと、その0が「数値データ」として扱われてしまうため、間違った計算結果になります。注意するようにしてください。

　そのほか、「**VAR.S**」や「**STDEV.P**」をはじめ、「**F.TEST**」、「**T.TEST**」といった関数も「空白セル」や「文字データ」を無視して計算を行います。このため、「文字データ」を含めた状態でセル範囲を指定しても問題は生じません。

④ 続いて、**全データ**を対象にした**標本平均**、**標本数**、**標本分散**を求めます。各関数の引数は、全データを含むようにセル範囲を指定します。

（⇒）2.1.3　Excelで標本平均と標本分散を求める（AVERAGE、VAR.P）

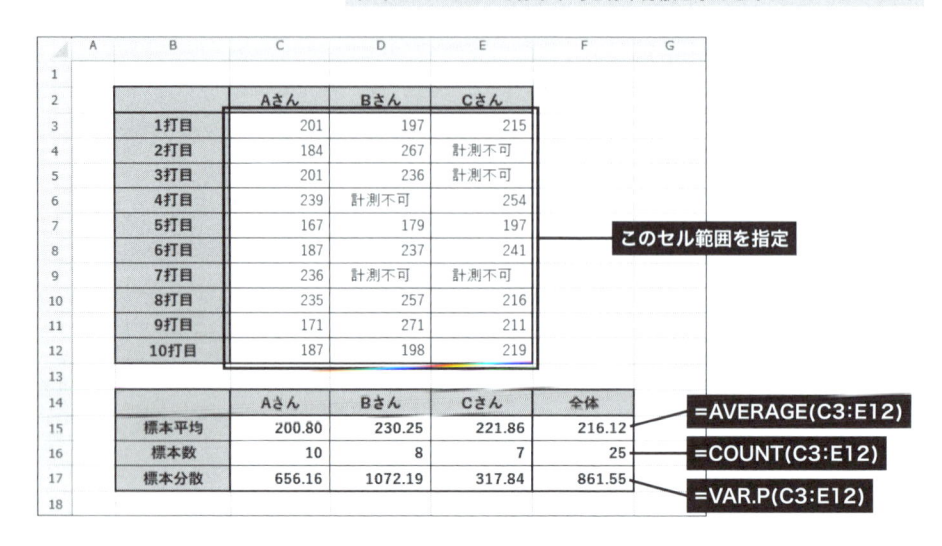

⑤ これで**変動**を求めるための指標が揃いました。まずは、**群間の変動**から算出していきます。ここでのポイントは**全平均**を**絶対参照**で指定することです。すると、数式をオートフィルで正しくコピーできるようになります。

（⇒）AP-03　セル範囲の指定

	A	B	C	D	E	F	G
13							
14			Aさん	Bさん	Cさん	全体	
15		標本平均	200.80	230.25	221.86	216.12	
16		標本数	10	8	7	25	
17		標本分散	656.16	1072.19	317.84	861.55	
18							
19			Aさん	Bさん	Cさん	全体	
20		群間の変動	=(C15-$F$15)^2*C16				
21		群内の変動					
22					合計		
23		全体の変動					
24							

（全平均）は絶対参照で指定　　　**＝（標本平均－全平均）^{2}×（標本数）**

⑥ 先ほどの数式を**オートフィル**でコピーします。

（⇒）AP-04　オートフィル

	A	B	C	D	E	F	G
13							
14			Aさん	Bさん	Cさん	全体	
15		標本平均	200.80	230.25	221.86	216.12	
16		標本数	10	8	7	25	
17		標本分散	656.16	1072.19	317.84	861.55	
18							
19			Aさん	Bさん	Cさん	全体	
20		群間の変動	2347.02				
21		群内の変動					
22					合計		
23		全体の変動					
24							

オートフィルでコピー

⑦ **群間の変動**は、手順⑤〜⑥で算出した値の合計となります。よって、**関数「SUM」**で各値を合計します。

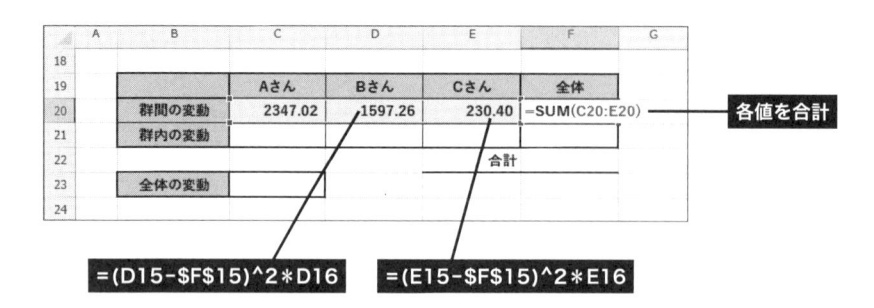

⑧ 続いて、**群内の変動**を算出していきます。まずは「Aさん」について（**標本分散**）×（**標本数**）を算出します。

		Aさん	Bさん	Cさん	全体
14		Aさん	Bさん	Cさん	全体
15	標本平均	200.80	230.25	221.86	216.12
16	標本数	10	8	7	25
17	標本分散	656.16	1072.19	317.84	861.55
19		Aさん	Bさん	Cさん	全体
20	群間の変動	2347.02	1597.26	230.40	4174.68
21	群内の変動	=C17*C16			
22				合計	
23	全体の変動				

＝（標本分散）×（標本数）

⑨ 先ほどの数式を**オートフィル**でコピーします。

（⇒）AP-04　オートフィル

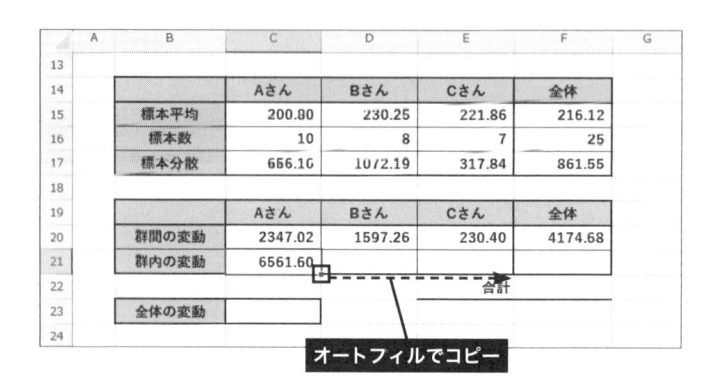

オートフィルでコピー

⑩ **群内の変動**は、手順⑧～⑨で算出した値の合計となります。よって、**関数「SUM」**で各値を合計します。

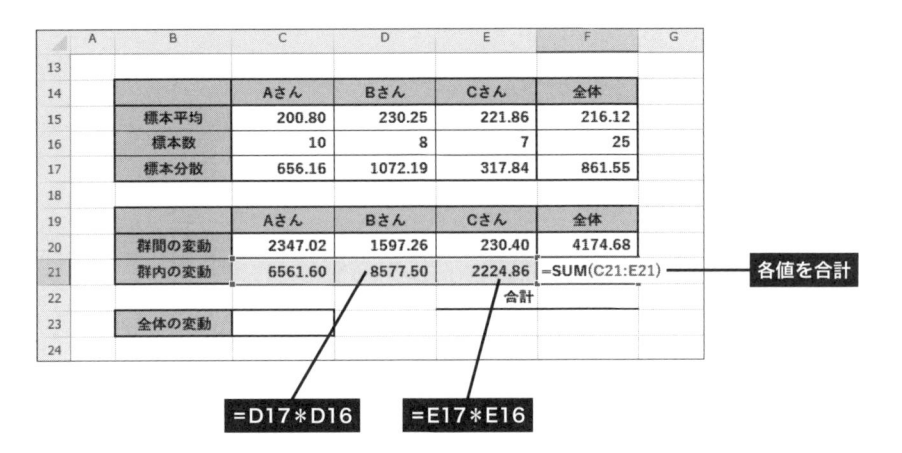

⑪ ここまでの計算を検算するために**全体の変動**を求めておきましょう。「全体の変動」は（全データの標本分散）×（全データの標本数）で算出できます。また、（**群間の変動**）＋（**群内の変動**）を計算し、その結果が「全体の変動」と一致することを確認します。

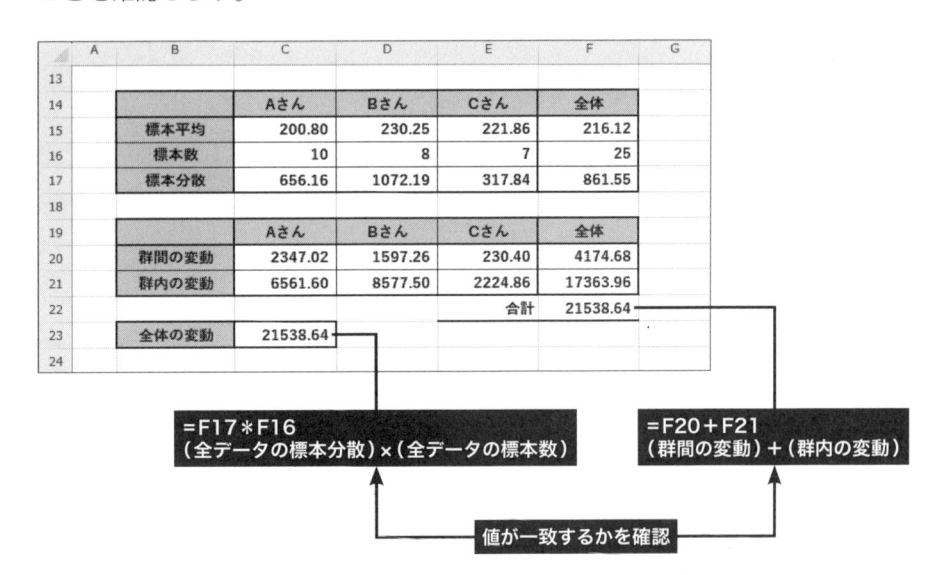

⑫ 続いて、**群間の分散**と**群内の分散**を算出していきます。まずは、先ほど算出した**群間の変動**と**群内の変動**を表に書き写します。このとき、数値を自分で入力するのではなく、セル参照を利用するのが基本です。

		Aさん	Bさん	Cさん	全体
	標本平均	200.80	230.25	221.86	216.12
	標本数	10	8	7	25
	標本分散	656.16	1072.19	317.84	861.55

		Aさん	Bさん	Cさん	全体
	群間の変動	2347.02	1597.26	230.40	4174.68
	群内の変動	6561.60	8577.50	2224.86	17363.96
				合計	21538.64

全体の変動	21538.64

	変動	自由度	分散
群間	4174.68		
群内	17363.96		

`=F21`　　`=F20`

⑬ **群間の自由度**は（**標本平均の個数**）−**1**となります。よって、「=3−1」という数式を入力します（計算結果を直接入力しても構いません）。

		Aさん	Bさん	Cさん	全体
	標本平均	200.80	230.25	221.86	216.12
	標本数	10	8	7	25
	標本分散	656.16	1072.19	317.84	861.55

		Aさん	Bさん	Cさん	全体
	群間の変動	2347.02	1597.26	230.40	4174.68
	群内の変動	6561.60	8577.50	2224.86	17363.96
				合計	21538.64

全体の変動	21538.64

	変動	自由度	分散
群間	4174.68	=3-1	
群内	17363.96		

`=（標本平均の個数）−1`

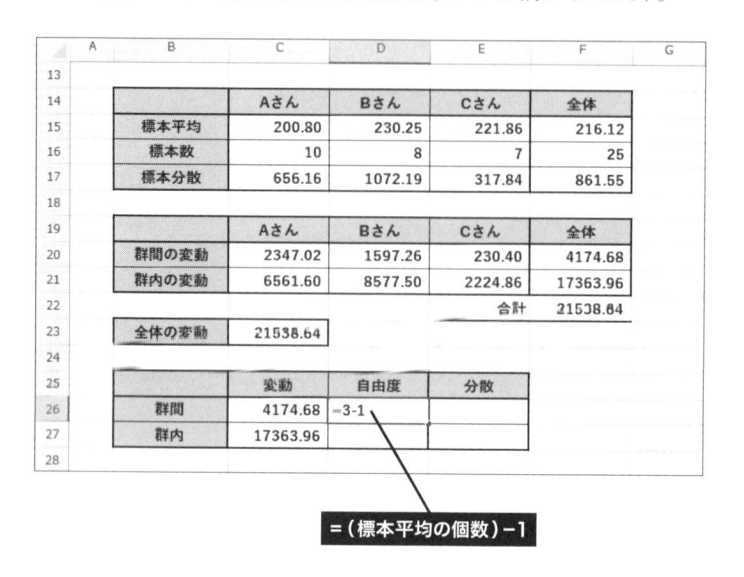

⑭ **群内の自由度**は（全データの個数）−（標本平均の個数）となります。これを数式で入力します（計算結果を直接入力しても構いません）。

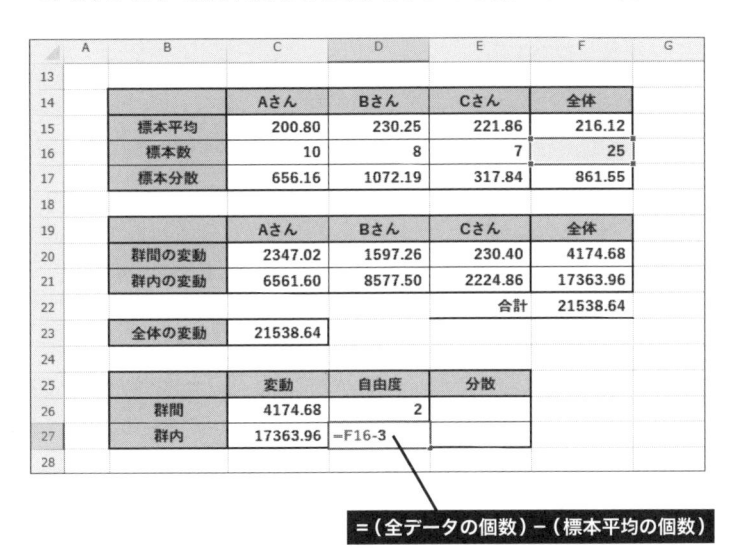

		Aさん	Bさん	Cさん	全体
14		Aさん	Bさん	Cさん	全体
15	標本平均	200.80	230.25	221.86	216.12
16	標本数	10	8	7	25
17	標本分散	656.16	1072.19	317.84	861.55
19		Aさん	Bさん	Cさん	全体
20	群間の変動	2347.02	1597.26	230.40	4174.68
21	群内の変動	6561.60	8577.50	2224.86	17363.96
22				合計	21538.64
23	全体の変動	21538.64			
25		変動	自由度	分散	
26	群間	4174.68	2		
27	群内	17363.96	=F16-3		

＝（全データの個数）−（標本平均の個数）

⑮ **群間の分散**を算出します。これは（群間の変動）／（群間の自由度）で算出できます。

		Aさん	Bさん	Cさん	全体
14		Aさん	Bさん	Cさん	全体
15	標本平均	200.80	230.25	221.86	216.12
16	標本数	10	8	7	25
17	標本分散	656.16	1072.19	317.84	861.55
19		Aさん	Bさん	Cさん	全体
20	群間の変動	2347.02	1597.26	230.40	4174.68
21	群内の変動	6561.60	8577.50	2224.86	17363.96
22				合計	21538.64
23	全体の変動	21538.64			
25		変動	自由度	分散	
26	群間	4174.68	2	=C26/D26	
27	群内	17363.96	22		

＝（群間の変動）／（群間の自由度）

147

⑯ 同様に、**群内の分散**は（群内の変動）/（群内の自由度）で算出できます。

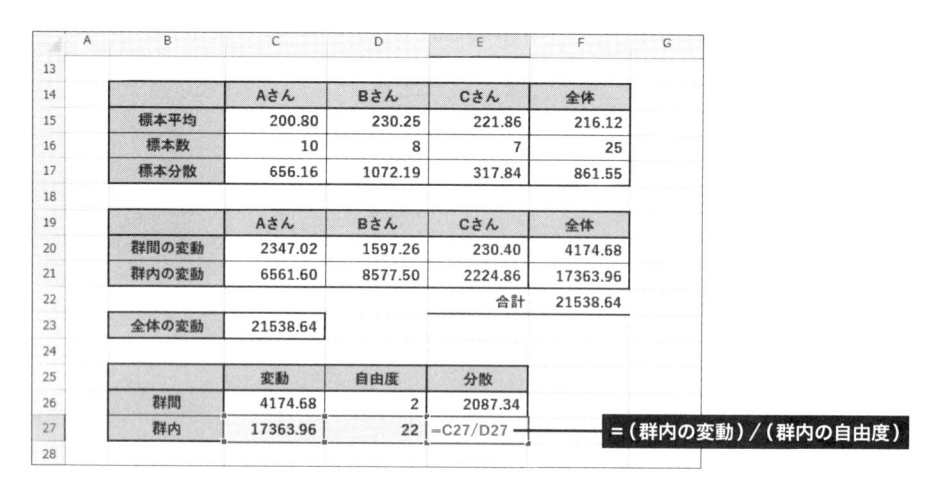

⑰ これで**分散分析**の準備が整いました。さっそく、**Fの値**を求めていきましょう。「Fの値」は（**群間の分散**）/（**群内の分散**）で算出できます。

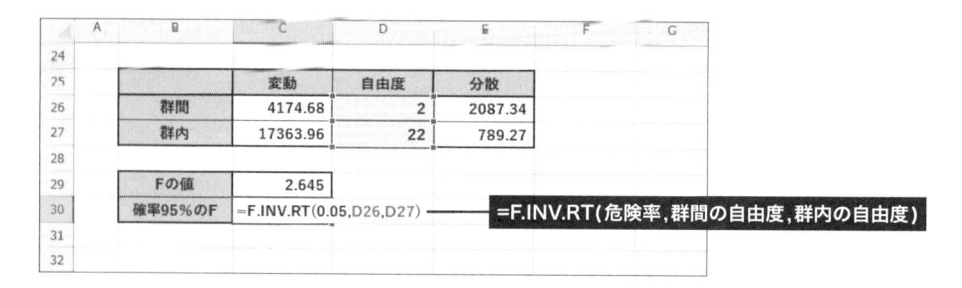

⑱ 今回の例では「Fの値」が2.645になりました。続いて、**確率95％のFの値**を関数「F.INV.RT」で求めます。

	変動	自由度	分散		
群間	4174.68	2	2087.34		
群内	17363.96	22	789.27		
Fの値	2.645				
確率95％のF	=F.INV.RT(0.05,D26,D27)				

=F.INV.RT(危険率,群間の自由度,群内の自由度)

⑲ 今回の例では「確率95%のFの値」が3.443になりました。F分布は片側分布になるため、確率95%の範囲は0〜3.443となります。

		Aさん	Bさん	Cさん	全体
	1打目	201	197	215	
	2打目	184	267	計測不可	
	3打目	201	236	計測不可	
	4打目	239	計測不可	254	
	5打目	167	179	197	
	6打目	187	237	241	
	7打目	236	計測不可	計測不可	
	8打目	235	257	216	
	9打目	171	271	211	
	10打目	187	198	219	
		Aさん	Bさん	Cさん	全体
標本平均		200.80	230.25	221.86	216.12
標本数		10	8	7	25
標本分散		656.16	1072.19	317.84	861.55
		Aさん	Bさん	Cさん	全体
群間の変動		2347.02	1597.26	230.40	4174.68
群内の変動		6561.60	8577.50	2224.86	17363.96
				合計	21538.64
全体の変動		21538.64			
		変動	自由度	分散	
群間		4174.68	2	2087.34	
群内		17363.96	22	789.27	
Fの値		2.645			
確率95%のF		3.443			

確率95%のFの値

　この計算結果を見ると、**Fの値**（2.645）が**確率95%の範囲**（0〜3.443）に含まれていることがわかります。よって、帰無仮説を否定できません。つまり、「**平均値に差があるとは言い切れない**」という結論に達します。言い換えると、「3人の飛距離に大差は認められない」という訳です。もちろん、本当は実力の差があるのかもしれませんが、統計学に従えば「今回のデータだけではそれを認めることができない」という結論になります。

　なお、**Fの値**が**確率95%のFの値**より大きかった場合は、「**平均値に差がある**」という結論に達します。ただし、3つの平均値のうち「どの組み合わせに差があるのか？」は判定できません。3組のいずれかに差がある可能性もありますし、すべての組み合わせに差がある可能性もあります。分散分析を行う際は、この点にも十分注意するようにしてください。

危険率と「平均値の差」の有意／無意

　先ほどの例では、危険率を5%（信頼区間95%）としました。仮に、この危険率を10%（信頼区間90%）に変更すると、「確率90%のFの値」は2.561になり、「平均値に差がある」という結論に達します。つまり、危険率5%では「差があるとは言い切れない」が、危険率10%では「差がある」という結論です。これはなかなか微妙な結論ですね。

　このように「平均値の差」の有意／無意は、危険率（信頼区間）に大きく依存します。危険率5%（信頼区間95%）という数値はあくまで統計学上の通例と考えてください。実際に統計処理を行うときは、その内容に応じて適切な危険率を設定する必要があります。

4.2.2 分析ツールで1要因の分散分析を行う

　Excelには、**分散分析**を手軽に実行できる**分析ツール**も用意されています。続いては、分析ツールを使って分散分析を行うときの操作手順を紹介します。なお、分析ツールは「文字データ」を含むセル範囲を指定できない仕様になっているため、「計測不可」の文字データを「空白セル」に修正してあります。

① ［**データ**］タブを選択し、「**データ分析**」をクリックします。

（⇒）1.2.2　分析ツールのアドイン

② このような画面が表示されるので、「**分散分析：一元配置**」を選択し、［OK］ボタンをクリックします。

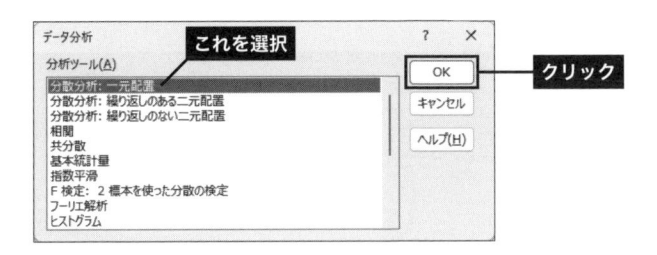

③ **分散分析（1要因）の設定画面が表示されます。まずは「入力範囲」にデータが入力されているセル範囲**を指定します。今回は、「Aさん」、「Bさん」、「Cさん」の**見出しを含めたセル範囲**を指定しました。

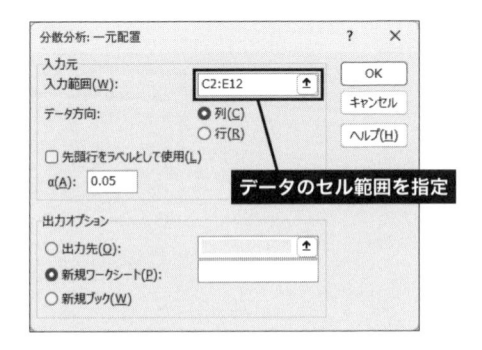

④ 見出しを含めてセル範囲を指定した場合は、「**先頭行をラベルとして使用**」をチェックします。また、「**データ方向**」が「**列**」になっていることを確認します。

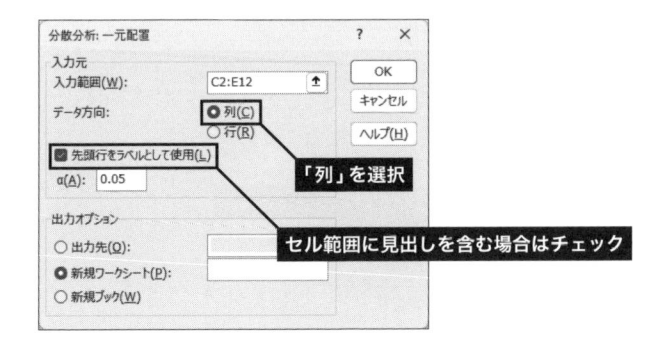

データ方向の指定

　「データ方向」に「行」を指定した場合は、表のタテとヨコを入れ替えてデータを入力しなければいけません。つまり、表の左端に「見出し」を入力し、その右側に各々のデータを入力していく必要があります。

⑤「α」に**危険率**を指定します。通常は信頼区間の確率95％とするため、この値は0.05になります。

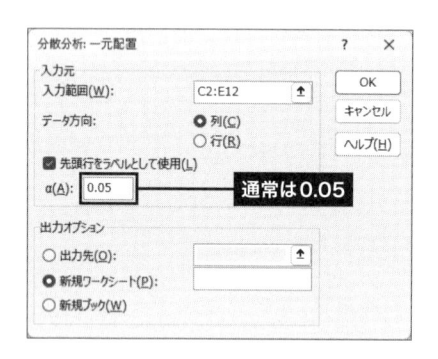

⑥ 出力オプションに「**出力先**」を選択し、分散分析の結果を表示する**先頭セル**を指定します。[**OK**] **ボタン**をクリックすると、ここで指定したセルを先頭に分散分析の結果が表示されます。

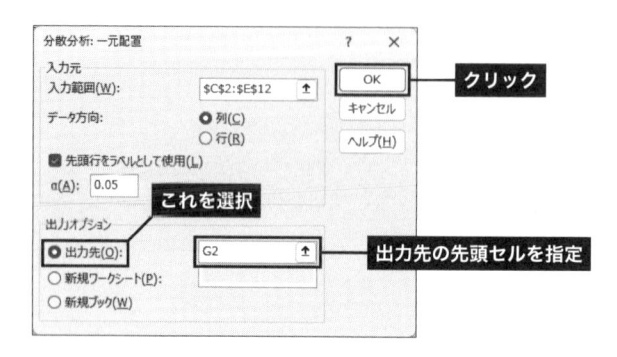

⑦ 今回の例では、以下のような結果が表示されました。**Fの値**は「観測された分散比」に表示されます。また、**確率95%のFの値**は「F境界値」に表示されます。

	F	G	H	I	J	K	L	M	N
1									
2		分散分析: 一元配置							
3									
4		概要							
5		グループ	データの個数	合計	平均	分散			
6		Aさん	10	2008	200.8	729.0666667			
7		Bさん	8	1842	230.25	1225.357143			不偏分散
8		Cさん	7	1553	221.8571429	370.8095238			
9									
10									
11		分散分析表							
12		変動要因	変動	自由度	分散	観測された分散比	P-値	F 境界値	
13		グループ間	4174.682857	2	2087.341429	2.644645518	0.093483444	3.443356779	
14		グループ内	17363.95714	22	789.2707792				
15									
16		合計	21538.64	24					

Fの値　　　　　確率95%のFの値

もちろん、この計算結果も4.2.1項と同じ数値になります（小数点以下の表示桁数が異なるだけです）。**Fの値**（2.64464…）は**確率95%の範囲**（0～3.44335…）に含まれているため、「**平均値に差があるとは言い切れない**」という結論に達します。

なお、「Aさん」～「Cさん」の「分散」に表示されている値は、標本分散ではなく、**不偏分散**となります。このため、4.2.1項の計算結果とは異なる数値が表示されます。

4.3 2要因の分散分析

続いては、調査結果に影響を及ぼす**要因が2つある**場合の分散分析を解説します。この場合も基本的な考え方は同じですが、要因の組み合わせによる効果である**交互作用**に注意する必要があります。

4.3.1 要因と水準

まずは、**要因**と**水準**という用語について解説します。ここでは、**図4-3**を例に解説を進めていきます。図4-3は、「Aさん」が「もっと飛距離を伸ばしたい」と考え、「ゴルフクラブ」（ドライバー）と「ボール」の比較実験を行った結果です。今回は「クラブ」と「ボール」をそれぞれ2種類ずつ用意したため、「クラブA×ボールA」、「クラブA×ボールB」、「クラブB×ボールA」、「クラブB×ボールB」という4つの組み合わせについて実験を行いました。以下は、それぞれの組み合わせで10球ずつボールを試打し、その飛距離を表にまとめたものです。

		クラブA		クラブB	
		ボールA	ボールB	ボールA	ボールB
1打目		191	199	202	225
2打目		195	236	201	237
3打目		175	218	184	197
4打目		190	223	199	227
5打目		216	168	202	187
6打目		193	204	218	224
7打目		234	202	195	235
8打目		205	188	168	228
9打目		186	186	155	234
10打目		225	203	206	199
平均		201.00	202.70	193.00	219.30

図4-3 「クラブ」と「ボール」の比較実験

この場合は「クラブ」と「ボール」が**要因**になります。**水準**は、各要因の比較条件を指します。たとえば「クラブ」の要因では、「クラブA」と「クラブB」の2つが水準になります。同様に、「ボール」の要因では、「ボールA」と「ボールB」の2つが水準になります。

4.3.2　要因が2つある場合の分散分析

　要因が2つある分散分析では、それぞれの要因を群として考え、要因ごとに**Fの値**を算出します。たとえば**図4-3**の場合、「クラブ」と「ボール」について「Fの値」を算出します。そして、これらの**Fの値**と**確率95%のFの値**を比較し、要因ごとに差の有意／無意を判断します（これを**主効果**といいます）。

　また、2要因の分散分析では**交互作用**が生じることにも注意しなければいけません。交互作用とは、要因単独の効果ではなく、組み合わせにより生じる効果のことです。これらの計算方法や関係をまとめると、以下のようになります。

◆変動

　要因1の変動＝（各水準の標本平均−全平均）^{2}×（各水準の標本数）の合計
　要因2の変動＝（各水準の標本平均−全平均）^{2}×（各水準の標本数）の合計
　交互作用の変動
　　　＝（全体の変動）−（要因1の変動）−（要因2の変動）−（群内の変動）
　群内の変動＝（値−標本平均）^{2}の合計
　　　　　　＝（標本分散）×（標本数）の合計
　全体の変動＝（値−全平均）^{2}の合計
　　　　　　＝（全データの標本分散）×（全データの標本数）

◆自由度

　要因1の自由度＝（要因1の水準の数）−1
　要因2の自由度＝（要因2の水準の数）−1
　交互作用の自由度＝（要因1の自由度）×（要因2の自由度）
　群内の自由度
　　　＝（全体の自由度）−（要因1の自由度）−（要因2の自由度）−（交互作用の自由度）
　全体の自由度＝（全データの個数）−1

◆要因、交互作用、群内、全体の関係

　全体の変動
　　　＝（要因1の変動）＋（要因2の変動）＋（交互作用の変動）＋（群内の変動）
　全体の自由度
　　　＝（要因1の自由度）＋（要因2の自由度）＋（交互作用の自由度）＋（群内の自由度）

◆分散

$$要因1の分散 = \frac{要因1の変動}{要因1の自由度} \qquad 要因2の分散 = \frac{要因2の変動}{要因2の自由度}$$

$$交互作用の分散 = \frac{交互作用の変動}{交互作用の自由度}$$

$$群内の分散 = \frac{群内の変動}{群内の自由度}$$

◆Fの値

$$要因1のF = \frac{要因1の分散}{群内の分散} \qquad 要因2のF = \frac{要因2の分散}{群内の分散}$$

$$交互作用のF = \frac{交互作用の分散}{群内の分散}$$

4.3.3 Excelで2要因の分散分析を行う

　4.3.2項では、かなり駆け足で2要因の分散分析について解説しました。もちろん、これだけの解説では実際の計算方法を理解できない方も沢山いるでしょう。2要因の分散分析は、その理論を詳しく解説するより、具体的な手順を見ながら学習した方が早く理解できると思います。そこで、**図4 3**（P154）を例に、Excelで2要因の分散分析を行う手順を紹介しておきます。

① まずは、**2要因の分散分析**を行うためのセルを準備します。今回は、次ページのような形でセルを準備しました。

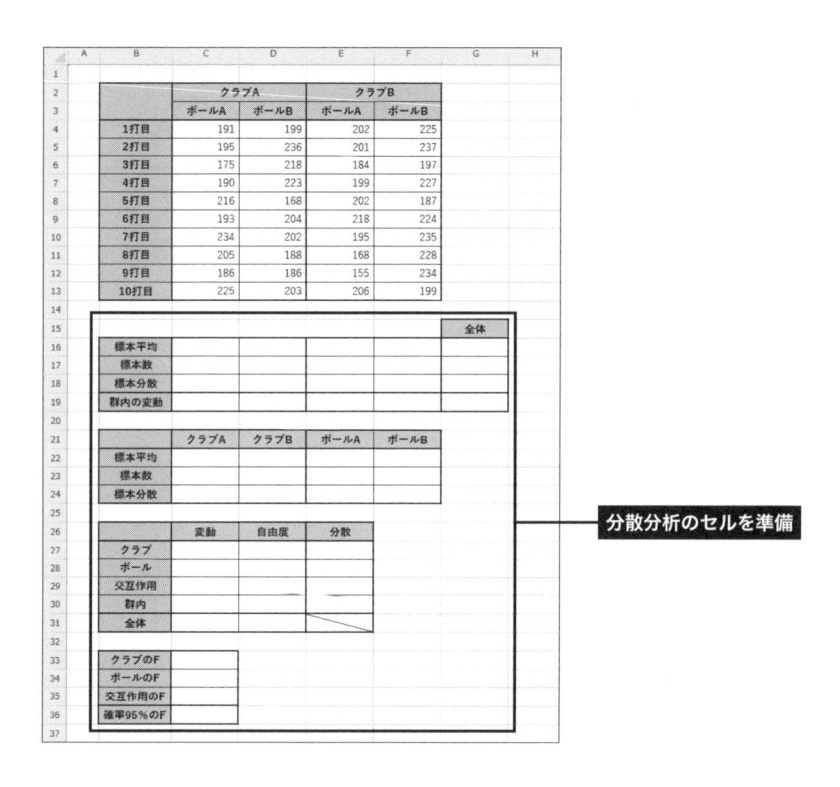

分散分析のセルを準備

② それぞれの調査結果と全データについて、**標本平均**、**標本数**、**標本分散**を求めます。
ここまでの手順は、1要因の分散分析と同じです（P141〜142参照）。

（⇒）4.2.1　Excelで1要因の分散分析を行う

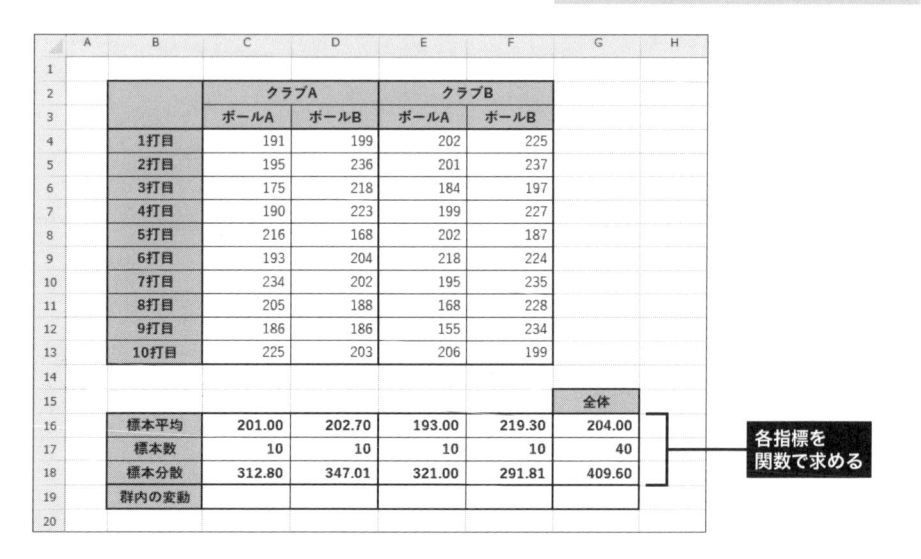

各指標を
関数で求める

③ 次に、**群内の変動**を算出します。この手順も1要因の分散分析と同じで、各調査結果の（**標本分散**）×（**標本数**）を計算し、その合計を求めます（P144〜145参照）。

（⇒）4.2.1　Excelで1要因の分散分析を行う

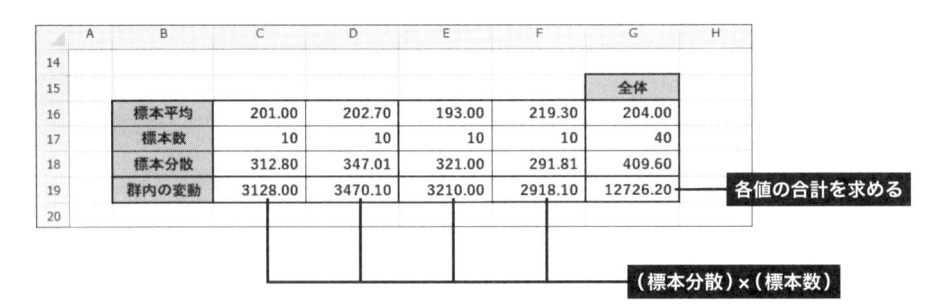

	A	B	C	D	E	F	G	H
14								
15							全体	
16		標本平均	201.00	202.70	193.00	219.30	204.00	
17		標本数	10	10	10	10	40	
18		標本分散	312.80	347.01	321.00	291.81	409.60	
19		群内の変動	3128.00	3470.10	3210.00	2918.10	12726.20	← 各値の合計を求める
20								

（標本分散）×（標本数）

④ ここからが2要因ならではの分散分析となります。はじめに、**各水準の標本平均**を求めます。たとえば「クラブA」の場合、「C4:D13」をセル範囲に指定して**関数「AVERAGE」**を入力します。

	A	B	C	D	E	F	G	H
1								
2			クラブA		クラブB			
3			ボールA	ボールB	ボールA	ボールB		
4		1打目	191	199	202	225		
5		2打目	195	236	201	237		
6		3打目	175	218	184	197		
7		4打目	190	223	199	227		
8		5打目	216	168	202	187		
9		6打目	193	204	218	224		
10		7打目	234	202	195	235		
11		8打目	205	188	168	228		
12		9打目	186	186	155	234		
13		10打目	225	203	206	199		
14								
15							全体	
16		標本平均	201.00	202.70	193.00	219.30	204.00	
17		標本数	10	10	10	10	40	
18		標本分散	312.80	347.01	321.00	291.81	409.60	
19		群内の変動	3128.00	3470.10	3210.00	2918.10	12726.20	
20								
21			クラブA	クラブB	ボールA	ボールB		
22		標本平均	=AVERAGE(C4:D13)					
23		標本数						
24		標本分散						
25								

「クラブA」の標本平均を求める

⑤ さらに「クラブA」の**標本数**（COUNT）、**標本分散**（VAR.P）を算出します。同様に「クラブB」の各指標は、「E4:F13」をセル範囲に指定すると求められます。

		クラブA	クラブB	ボールA	ボールB
22	標本平均	201.85	206.15		
23	標本数	20	20		
24	標本分散	330.63	479.33		

「クラブA」「クラブB」の各指標を関数で求める

⑥「ボールA」「ボールB」についても**各水準の指標**を求めます。こちらはデータのセル範囲が離れているため、「,」（カンマ）を利用してセル範囲を指定します。たとえば「ボールA」の場合、「C4:C13,E4:E13」がセル範囲になります。

（⇒）AP-03　セル範囲の指定

		クラブA		クラブB		
3		ボールA	ボールB	ボールA	ボールB	
4	1打目	191	199	202	225	
5	2打目	195	236	201	237	
6	3打目	175	218	184	197	
7	4打目	190	223	199	227	
8	5打目	216	168	202	187	
9	6打目	193	204	218	224	
10	7打目	234	202	195	235	
11	8打目	205	188	168	228	
12	9打目	186	186	155	234	
13	10打目	225	203	206	199	
15						全体
16	標本平均	201.00	202.70	193.00	219.30	204.00
17	標本数	10	10	10	10	40
18	標本分散	312.80	347.01	321.00	291.81	409.60
19	群内の変動	3128.00	3470.10	3210.00	2918.10	12726.20
21		クラブA	クラブB	ボールA	ボールB	
22	標本平均	201.85	206.15	=AVERAGE(C4:C13,E4:E13)		
23	標本数	20	20			
24	標本分散	330.63	479.33			

「ボールA」の標本平均を求める

⑦ 同様に「ボールB」の各指標は、セル範囲に「D4:D13,F4:F13」を指定して求めます。

（⇒）AP-03　セル範囲の指定

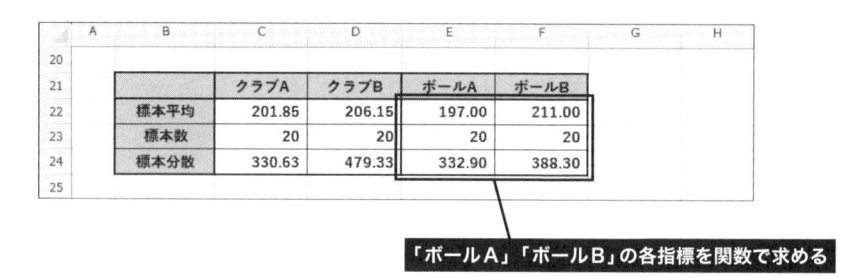

「ボールA」「ボールB」の各指標を関数で求める

⑧ 次に、**要因1の変動**、すなわち「クラブ」の変動を算出します。これは「クラブA」と「クラブB」の**標本平均、標本数、全体の標本平均（全平均）**を参照する数式で算出できます。

＝（各水準の標本平均－全平均）² ×（各水準の標本数）の合計

⑨ **要因2の変動**は「ボール」の変動となります。こちらも「ボールA」と「ボールB」の標本平均、標本数、全体の標本平均（全平均）を参照する数式で算出できます。

	A	B	C	D	E	F	G	H
14								
15							全体	
16		標本平均	201.00	202.70	193.00	219.30	204.00	
17		標本数	10	10	10	10	40	
18		標本分散	312.80	347.01	321.00	291.81	409.60	
19		群内の変動	3128.00	3470.10	3210.00	2918.10	12726.20	
20								
21			クラブA	クラブB	ボールA	ボールB		
22		標本平均	201.85	206.15	197.00	211.00		
23		標本数	20	20	20	20		
24		標本分散	330.63	479.33	332.90	388.30		
25								
26			変動	自由度	分散			
27		クラブ	184.90					
28		ボール	=(E22-G16)^2*E23+(F22-G16)^2*F23					
29		交互作用						
30		群内						
31		全体						
32								

=（各水準の標本平均−全平均）²×（各水準の標本数）の合計

⑩ 「**交互作用の変動**」は後回しにして、**群内の変動**と**全体の変動**を求めます。「群内の変動」はすでに算出されているため、そのセルを参照するだけです。「全体の変動」は、（全データの標本分散）×（全データの標本数）で算出できます。

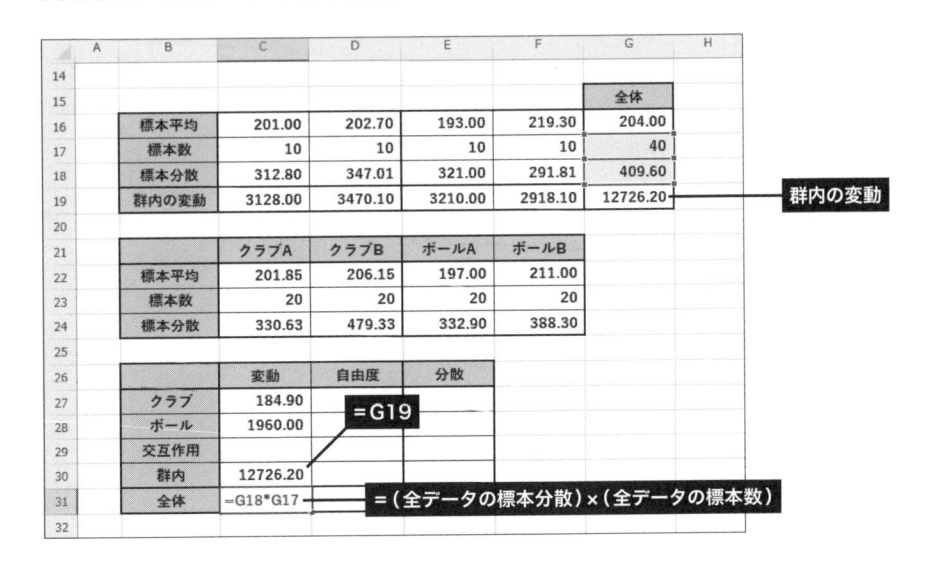

	A	B	C	D	E	F	G	H
14								
15							全体	
16		標本平均	201.00	202.70	193.00	219.30	204.00	
17		標本数	10	10	10	10	40	
18		標本分散	312.80	347.01	321.00	291.81	409.60	
19		群内の変動	3128.00	3470.10	3210.00	2918.10	12726.20	
20								
21			クラブA	クラブB	ボールA	ボールB		
22		標本平均	201.85	206.15	197.00	211.00		
23		標本数	20	20	20	20		
24		標本分散	330.63	479.33	332.90	388.30		
25								
26			変動	自由度	分散			
27		クラブ	184.90					
28		ボール	1960.00	=G19				
29		交互作用						
30		群内	12726.20					
31		全体	=G18*G17					
32								

群内の変動

=（全データの標本分散）×（全データの標本数）

⑪ **交互作用の変動**は、（全体の変動）－（要因1の変動）－（要因2の変動）－（群内の変動）で算出できます。これで、すべての変動が揃いました。

	A	B	C	D	E	F	G	H
25								
26			変動	自由度	分散			
27		クラブ	184.90					
28		ボール	1960.00					
29		交互作用	=C31-C27-C28-C30					
30		群内	12726.20					
31		全体	16384.00					
32								

＝（全体の変動）－（要因1の変動）－（要因2の変動）－（群内の変動）

⑫ 続いて、**自由度**を求めていきます。各要因の自由度は（**水準の数**）－1で算出できます。「クラブ」の場合、「クラブA」と「クラブB」の2つが水準になるため、「＝2－1」が計算式となります。「ボール」の場合も同様で、「ボールA」と「ボールB」の2つが水準になるため「＝2－1」と入力します（計算結果を直接入力しても構いません）。

	A	B	C	D	E	F	G	H
25								
26			変動	自由度	分散			
27		クラブ	184.90	1				
28		ボール	1960.00	=2-1				
29		交互作用	1512.90					
30		群内	12726.20					
31		全体	16384.00					
32								

＝（水準の数）－1

⑬ **交互作用の自由度**は、（要因1の自由度）×（要因2の自由度）で算出できます。

	A	B	C	D	E	F	G	H
25								
26			変動	自由度	分散			
27		クラブ	184.90	1				
28		ボール	1960.00	1				
29		交互作用	1512.90	=D27*D28				
30		群内	12726.20					
31		全体	16384.00					
32								

＝（要因1の自由度）×（要因2の自由度）

⑭「群内の自由度」は後回しにして、**全体の自由度**を求めます。この指標は（全データの個数）−1で算出できます。

	A	B	C	D	E	F	G	H
14								
15							全体	
16		標本平均	201.00	202.70	193.00	219.30	204.00	
17		標本数	10	10	10	10	40	
18		標本分散	312.80	347.01	321.00	291.81	409.60	
19		群内の変動	3128.00	3470.10	3210.00	2918.10	12726.20	
20								
21			クラブA	クラブB	ボールA	ボールB		
22		標本平均	201.85	206.15	197.00	211.00		
23		標本数	20	20	20	20		
24		標本分散	330.63	479.33	332.90	388.30		
25								
26			変動	自由度	分散			
27		クラブ	184.90	1				
28		ボール	1960.00	1				
29		交互作用	1512.90	1	＝（全データの個数）−1			
30		群内	12726.20					
31		全体	16384.00	=G17-1				
32								

⑮ これで**群内の自由度**を算出できます。（全体の自由度）−（要因1の自由度）−（要因2の自由度）−（交互作用の自由度）を数式で入力し、その値を求めます。

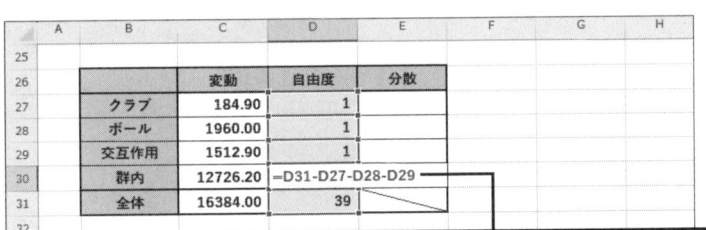

⑯ それぞれの**分散**は（変動）／（自由度）となります。よって、その数式を入力し、分散を求めます。

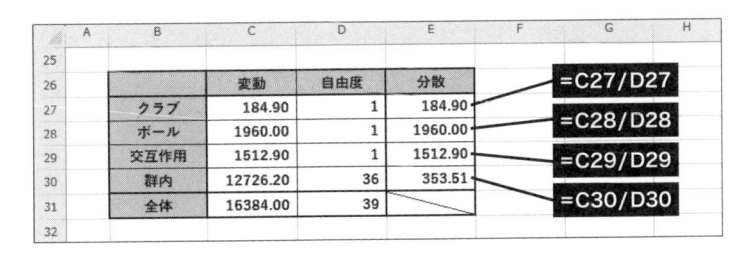

⑰ Fの値は、（それぞれの分散）／（群内の分散）で算出できます。

	変動	自由度	分散
クラブ	184.90	1	184.90
ボール	1960.00	1	1960.00
交互作用	1512.90	1	1512.90
群内	12726.20	36	353.51
全体	16384.00	39	

クラブのF	0.523	=E27/E30
ボールのF	5.544	=E28/E30
交互作用のF	4.280	=E29/E30
確率95％のF		

⑱ 分散分析を行うには、それぞれの**要因**や**交互作用**について**確率95％のFの値**を求めなければいけません。今回の例では、いずれも自由度が1になるため、**関数「F.INV.RT」**の入力は1回で済みます。なお、それぞれの自由度が異なる場合は、必要な数だけ「確率95％のFの値」を求めなければなりません。
※**要因**1、**要因**2、**交互作用**の自由度を群間の自由度と考えます。

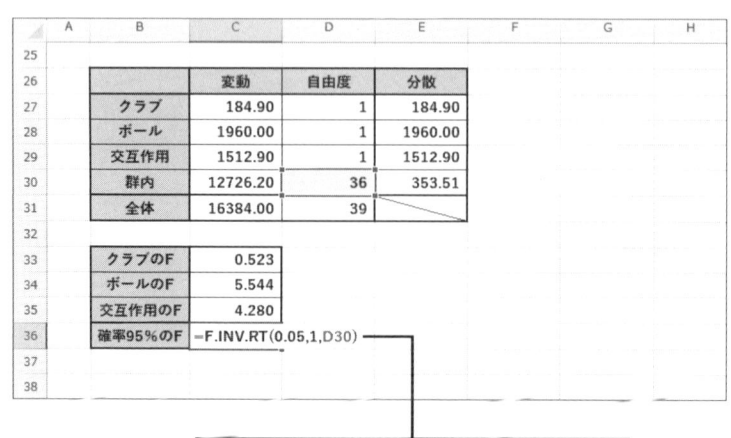

	変動	自由度	分散
クラブ	184.90	1	184.90
ボール	1960.00	1	1960.00
交互作用	1512.90	1	1512.90
群内	12726.20	36	353.51
全体	16384.00	39	

クラブのF	0.523
ボールのF	5.544
交互作用のF	4.280
確率95％のF	=F.INV.RT(0.05,1,D30)

=F.INV.RT(**危険率**,**群間の自由度**,**群内の自由度**)

⑲ 今回の例では「確率95％のFの値」が4.113になりました。これを基準に、各要因や交互作用の**Fの値**を比較します。

		クラブA	クラブB	ボールA	ボールB
21		クラブA	クラブB	ボールA	ボールB
22	標本平均	201.85	206.15	197.00	211.00
23	標本数	20	20	20	20
24	標本分散	330.63	479.33	332.90	388.30

		変動	自由度	分散
26		変動	自由度	分散
27	クラブ	184.90	1	184.90
28	ボール	1960.00	1	1960.00
29	交互作用	1512.90	1	1512.90
30	群内	12726.20	36	353.51
31	全体	16384.00	39	

33	クラブのF	0.523
34	ボールのF	5.544
35	交互作用のF	4.280
36	確率95％のF	4.113

確率95％のFの値

　今回の例では、それぞれの**要因**ならびに**交互作用**の「確率95％の範囲」が0〜4.113となりました。「クラブ」の**Fの値**は0.523で確率95％の範囲内にあります。よって、**「クラブA」と「クラブB」に差があるとは言い切れない**と考えます。

　一方、「ボール」の**Fの値**は5.544で確率95％の範囲を超えています。よって、**「ボールA」と「ボールB」には差がある**と考えます。それぞれの標本平均は、「ボールA」が197yd、「ボールB」が211ydなので、**「ボールB」の方が優れている**と考えられます。以上をまとめると、以下のような結論に達します。

- **要因1（クラブ）**
　「クラブA」と「クラブB」に差があるとは言い切れない。

- **要因2（ボール）**
　「ボールA」と「ボールB」には差がある。
　「ボールB」の方が遠くまでボールを飛ばせる。

　なお、**交互作用**の**Fの値**も「確率95％の範囲」を超えています。この場合、「組み合わせ」によっても差が生じると考えられます。このような場合は、それぞれの標本平均をグラフにすると状況がわかりやすくなります。

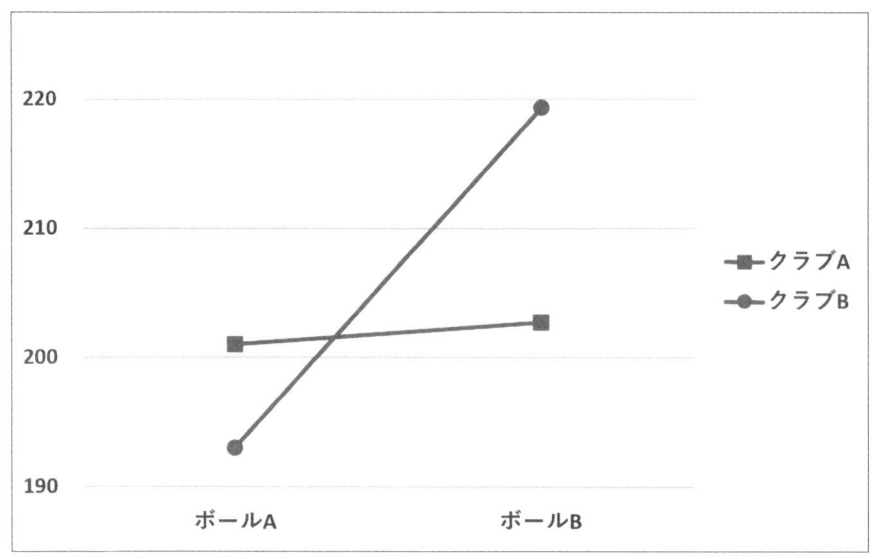

図4-4　組み合わせと標本平均のグラフ

　このグラフを見ると、「クラブA」はボールの影響をあまり受けないことがわかります。対して「クラブB」は、ボールによって標本平均が大きく異なります。どうやら、ここに「組み合わせ」の差があるようです。要するに、単独では「クラブA」と「クラブB」に差があるとは言い切れないが、**「ボールB」と組み合わせて使うなら「クラブB」の方が優れている**、と考えられます。

　これまでの話をまとめると、「ボールA」より「ボールB」の方が優秀である。さらに、「ボールB」と組み合わせるなら「クラブB」の方が優秀である、という結論に達します。

4.3.4　分析ツールで2要因の分散分析を行う

　2要因の分散分析も**分析ツール**で検証することが可能です。最後に、図4-3と同じデータを例に、この操作手順を解説しておきましょう。

① 分析ツールを使用するときは、以下のような配置でデータを入力しなければいけません。また、それぞれの条件においてデータの個数を統一しておく必要があります（空白セルなどがあると、分析ツールを実行できません）。

		ボールA	ボールB		
		191	199		
		195	236		
		175	218		
		190	223		
	クラブA	216	168		
		193	204		
		234	202		
		205	188		
		186	186		
		225	203		
		202	225		
		201	237		
		184	197		
		199	227		
	クラブB	202	187		
		218	224		
		195	235		
		168	228		
		155	234		
		206	199		

このようにデータを入力

② ［データ］タブを選択し、「データ分析」をクリックします。

（⇒）1.2.2　分析ツールのアドイン

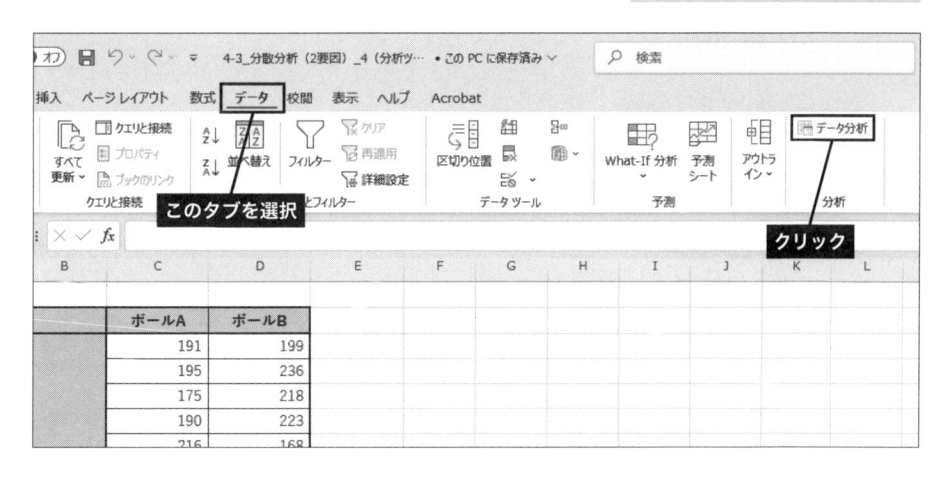

③ このような画面が表示されるので、「**分散分析：繰り返しのある二元配置**」を選択し、[**OK**] ボタンをクリックします。

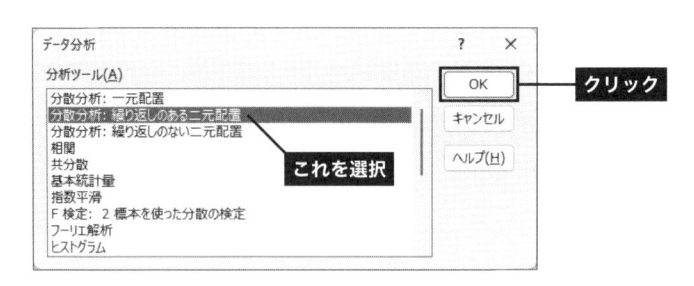

④ **分散分析（2要因）**の設定画面が表示されます。まずは、「入力範囲」に**データが入力されているセル範囲**を指定します。ここには**見出しを含めたセル範囲**を指定するのが基本です。

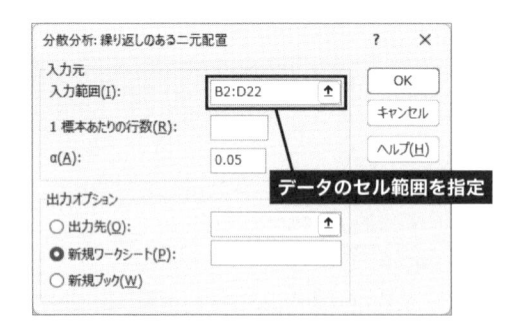

⑤ 続いて、**各条件に何個のデータがあるか**を「1標本あたりの行数」に指定します。今回の例では10個ずつデータがあるので「10」と入力します。

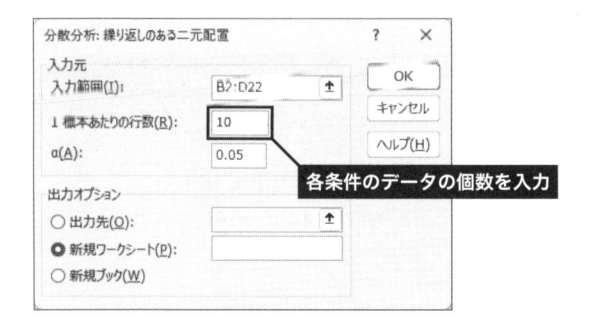

⑥「α」に**危険率**を指定します。信頼区間の確率95%の場合、この値は0.05になります。

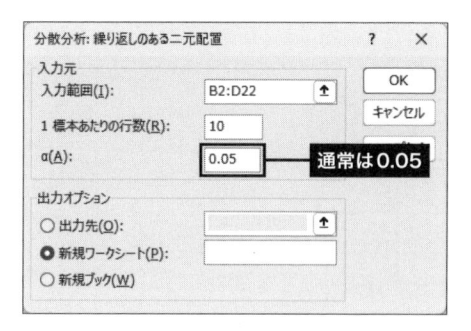

⑦ 出力オプションに「**出力先**」を選択し、分散分析の結果を表示する**先頭セル**を指定します。［**OK**］**ボタン**をクリックすると、ここで指定したセルを先頭に分散分析の結果が表示されます。

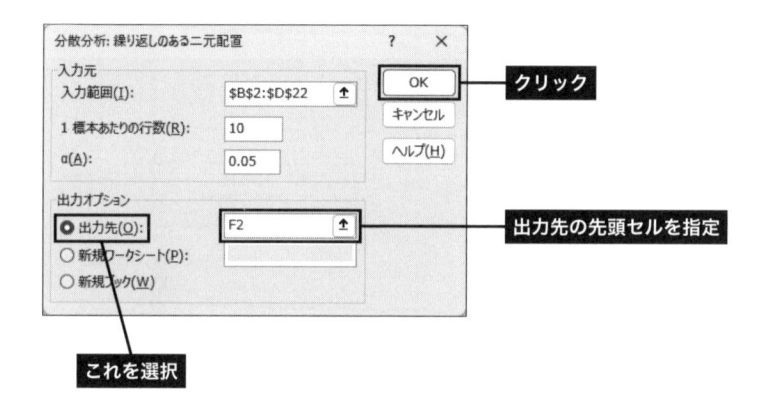

⑧ 今回の例では、以下のような結果が表示されました。**Fの値**は「観測された分散比」、**確率95%のFの値**は「F境界値」に表示されます。「標本」は表の左端に入力した**要因**（クラブ）、「列」は表の上端に入力した**要因**（ボール）を示しています。

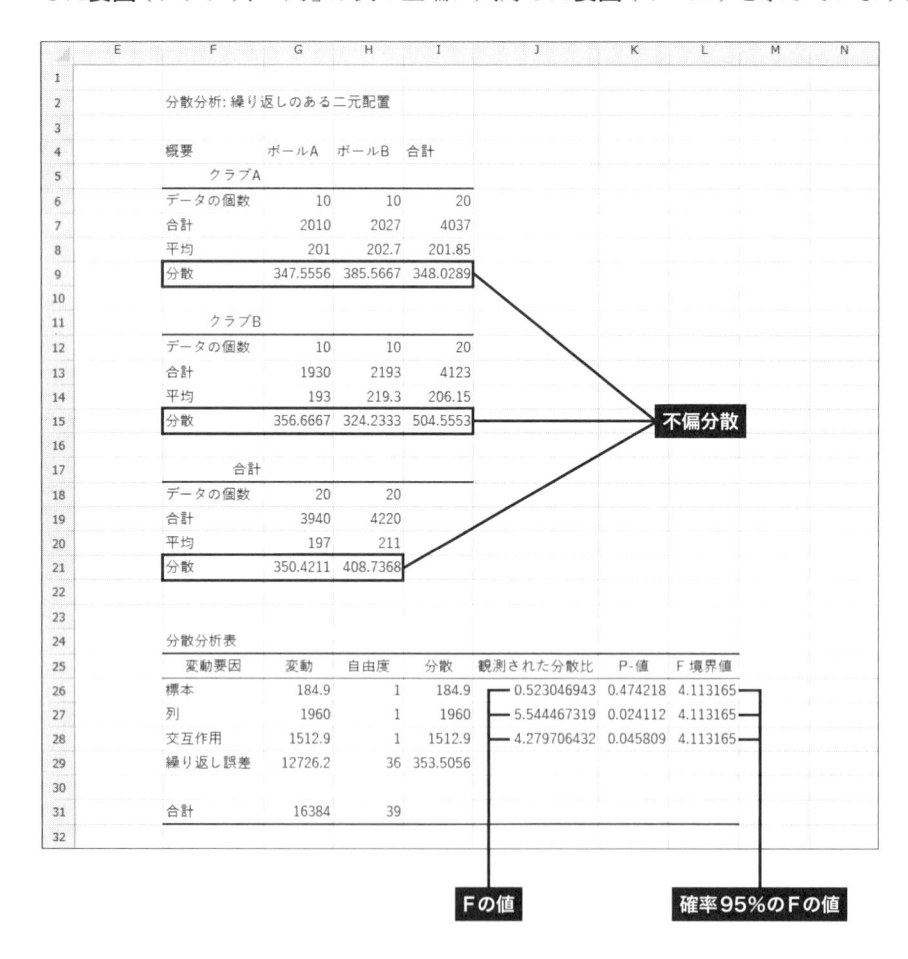

　もちろん、この計算結果は4.3.3項と同じ数値になります（小数点以下の表示桁数が異なるだけです）。それぞれの**確率95%の範囲**は0〜4.113165であり、「標本」（クラブ）の**Fの値**はこの範囲内に含まれます。一方、「列」（ボール）と「交互作用」の**Fの値**は、確率95%の範囲外にあります。よって、「クラブには差があるとは言い切れない」、「ボールには差がある」、「組み合わせにも差がある」という結論に達します。

　なお、この結果の上部に表示されている「分散」は**不偏分散**となります。このため、4.3.3項の計算結果と異なる数値が表示されます。

付 録

統計処理でよく利用する
Excel 操作

AP-01 数式の入力

Excelで数式を使用するときは、最初に「＝」（イコール）の文字を入力します。続いて、数字や**演算記号**、**セル参照**などを記述して数式を入力していきます。このとき、「×」や「÷」の記号は使用できないことに注意してください。Excelでは以下の演算記号で計算方法を指定します。また、セル参照は「A3」や「C5」のように**列番号→行番号**の順で記述します。

■ Excelで利用できる演算記号

計算方法	演算記号	入力例	実行される計算
足し算	＋	＝A3＋8	「A3セルの値」に8を足す
引き算	－	＝B2－C2	「B2セルの値」から「C2セルの値」を引く
掛け算	＊	＝C5＊D5	「C5セルの値」に「D5セルの値」を掛ける
割り算	／	＝C5／10	「C5セルの値」を10で割る
べき乗	＾	＝C5^3	「C5セルの値」を3乗する
パーセント	％	＝C5＊20％	「C5セルの値」の20％を求める
カッコ	（　）	＝(A2＋500)＊1.1	「A2＋500」を先に計算する

AP-01.1 数式の入力例

ここでは、（単価）×（数量）を求め、さらに（送料）を加算する場合を例に数式の入力方法を紹介します。

① 数式を入力するセルを選択し、「＝」（イコール）の文字を入力します。

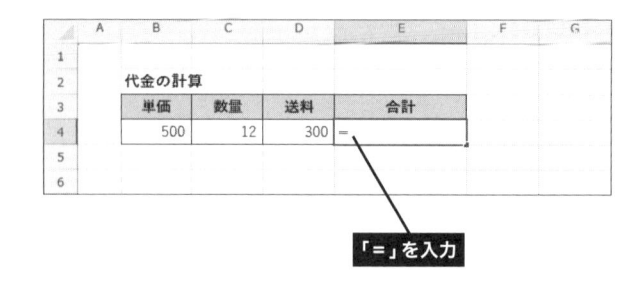

② 続いて、数式を入力していきます。（単価）×（数量）はB4セルとC4セルの
掛け算になるため、「B4＊C4」で計算できます。さらに（送料）の「D4」を足すと、
数式は「＝B4＊C4＋D4」となります。

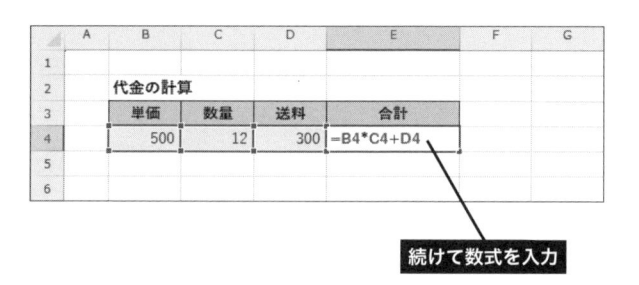

続けて数式を入力

③ 最後に［Enter］キーを押すと、数式の計算結果が表示されます。

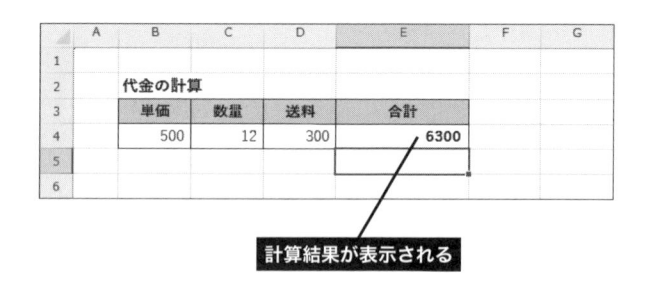

計算結果が表示される

計算の優先順位

　Excelでは、一般的な数学と同じように「掛け算」「割り算」を「足し算」「引き算」
より優先して計算します。このため、先ほどの例を「＝(B4＊C4)＋D4」のようにカッ
コを付けて記述する必要はありません。ただし、「足し算」「引き算」を先に計算さ
せる場合は、適切な位置にカッコを記述しておく必要があります。

　なお、「べき乗」（＾）の計算は、「掛け算」「割り算」よりも優先して計算されます。
数式を入力する際は、これらの優先順位にも注意するようにしてください。

（例）「＝D5＋B4＊C4＾2」と入力した場合の優先順位
　　　①「C4」の2乗
　　　②「B4」×「C4の2乗」
　　　③「D5」＋「B4×C4の2乗」

AP-02 関数の利用

Excel には、複雑な計算を簡単に処理できる**関数**が用意されています。もちろん、統計処理を行う際にも関数の利用は欠かせません。Excelを活用する上で必須となる機能なので、その使い方を必ず覚えておいてください。

AP-02.1 関数の書式

関数を利用するときも最初に「＝」（イコール）を入力し、続けて**関数名**と**引数**（ひきすう）を入力します。引数は、関数名に続くカッコの中に記述します。これらをまとめると、関数の書式は以下のようになります。

◆関数の書式

＝関数名 (引数)

引数には、関数が参照する**セル**や**セル範囲**、または**数値**などを指定します。合計を求める関数「SUM」の場合、引数に「合計を求めるセル範囲」を指定します。たとえば、以下の図に示したセル範囲の合計を算出するときは、「＝SUM(C2:C6)」と入力すると合計を算出できます。

※セル範囲やセル参照の指定方法については、P181〜184 で詳しく解説します。

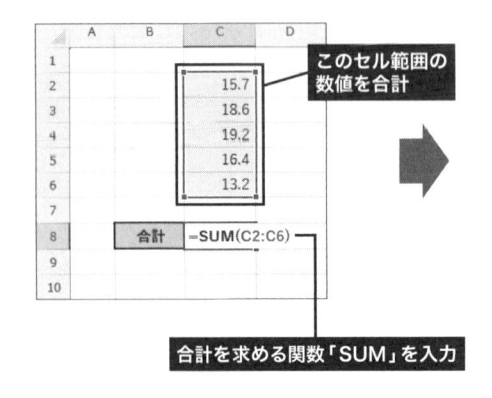

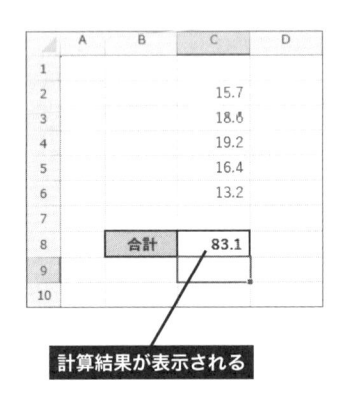

AP-02.2 関数の入力例（1）　オートSUM

Excelには、関数の入力を補助する機能が用意されています。その代表例といえるのが、[数式]タブにある「オートSUM」です。「オートSUM」の▽をクリックすると、合計、平均、数値の個数、最大値、最小値といった5つの関数が表示されます。これらの関数は、一覧から計算方法を選択するだけで入力できます。

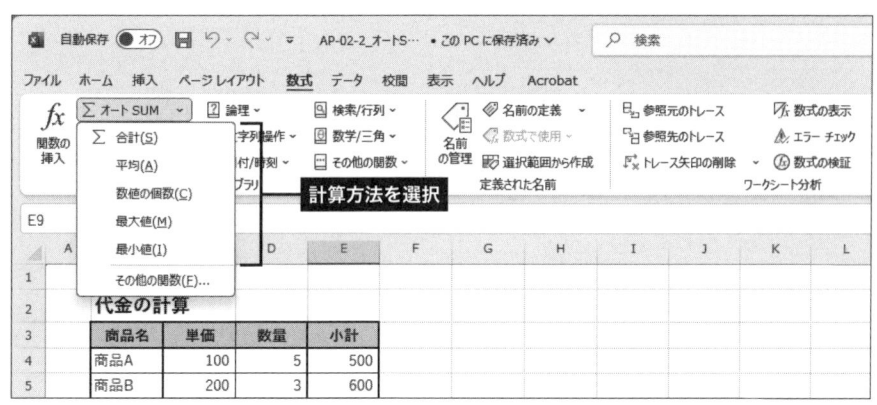

「オートSUM」に用意されている関数

「オートSUM」を利用した場合は、関数の引数となる**セル範囲**が自動入力されます。ただし、このセル範囲が適切でない場合もあります。自動入力されたセル範囲は点線で囲まれて表示されます。これをよく確認し、もしも間違っていた場合は、自分でセル範囲を修正しなければいけません。

例1●セル範囲が正しく認識された場合

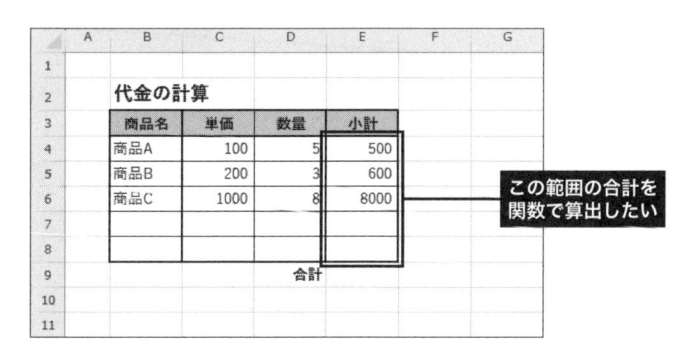

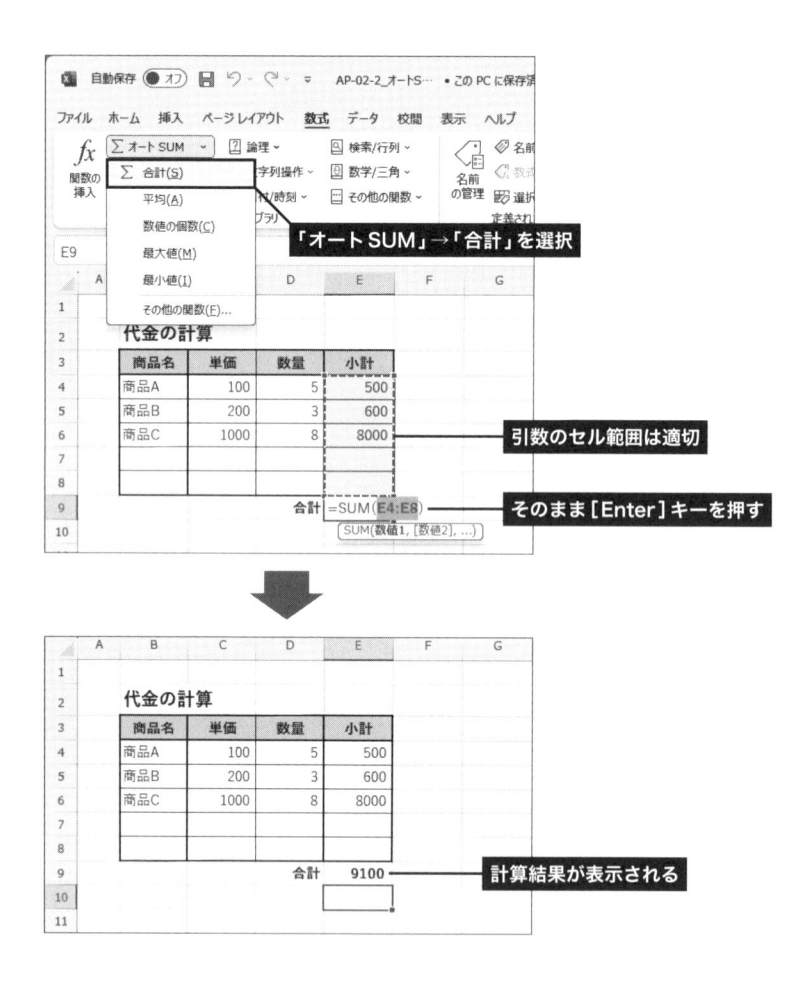

「オートSUM」→「合計」を選択

引数のセル範囲は適切

そのまま[Enter]キーを押す

計算結果が表示される

例2●セル範囲が正しく認識されなかった場合

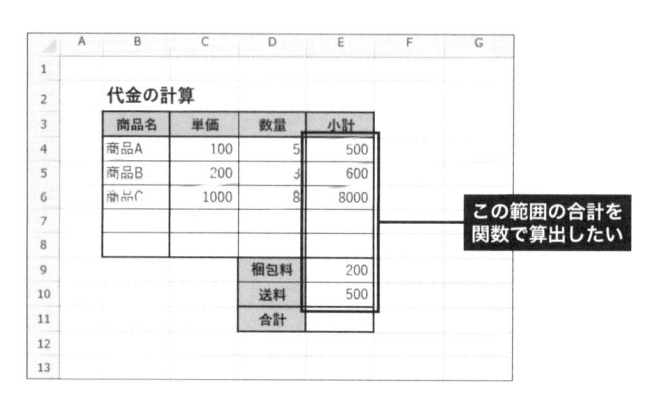

この範囲の合計を
関数で算出したい

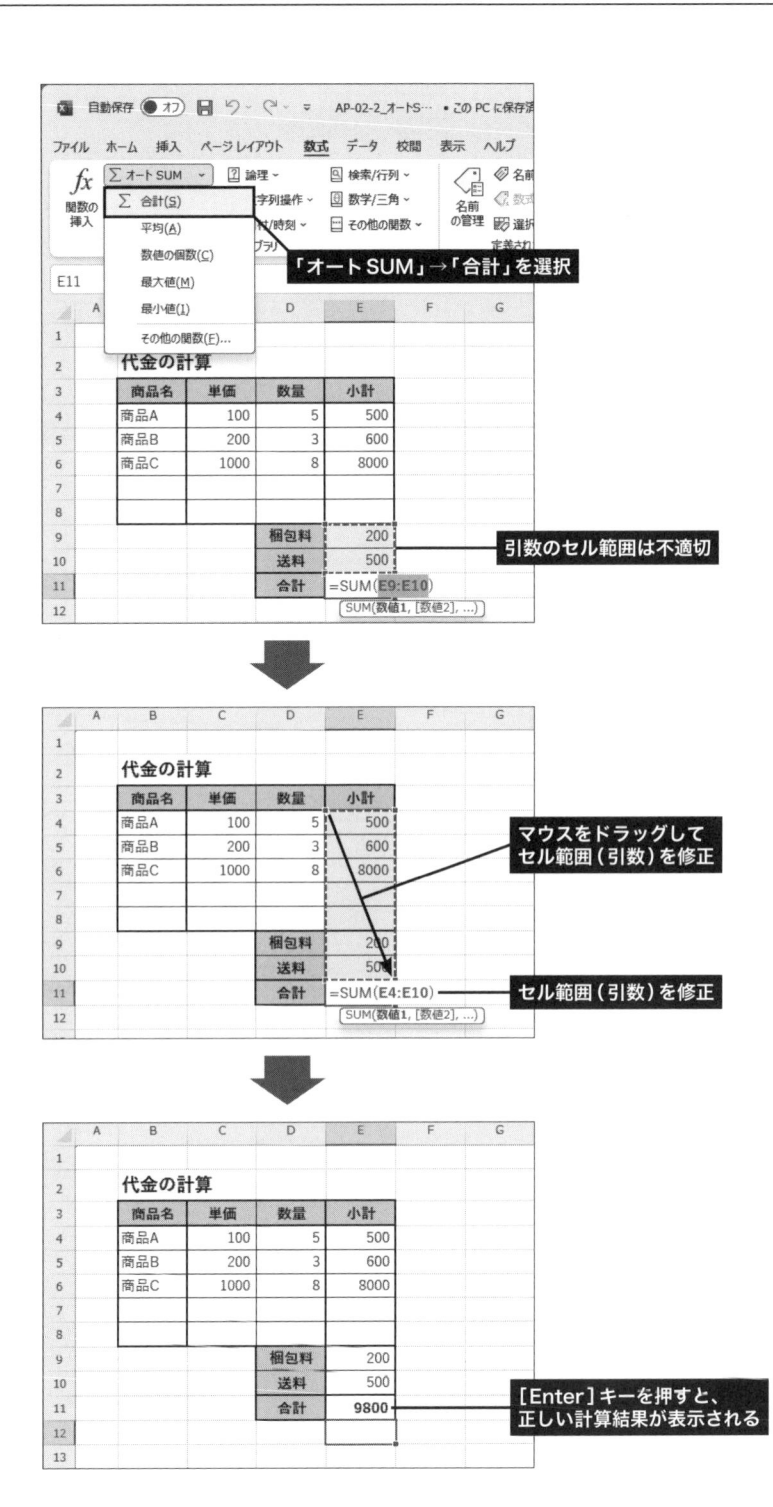

AP-02.3 関数の入力例（2） 関数の挿入

関数名や引数の指定方法がよくわからない場合は、「関数の挿入」を利用してキーワード検索を行います。以下にその手順を示しておくので、使い方がよくわからない関数を入力するときの参考にしてください。

① セルを選択し、[数式]タブにある「関数の挿入」をクリックします。

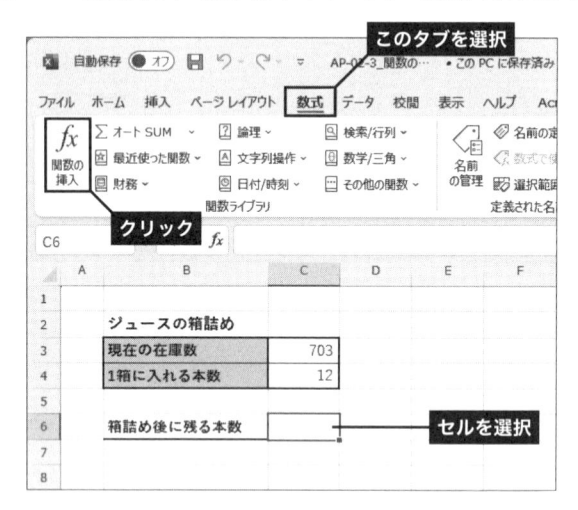

② 以下のような画面が表示されるので、「関数の検索」に計算方法などのキーワードを入力し、[検索開始]ボタンをクリックします。ここでは、「割り算（除算）したときの余り」を求める場合を例に関数を検索してみます。

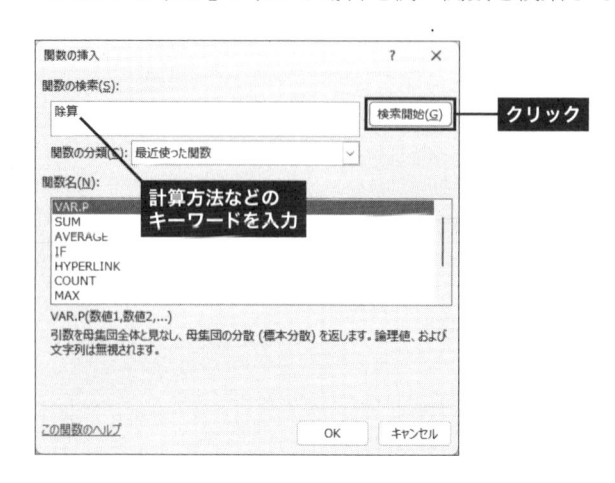

③ キーワードに合致する関数が一覧表示されます。一覧から**関数を選択**すると、その関数の説明が表示されます。これを参考に最適な関数を選択し、[**OK**] **ボタン**をクリックします。

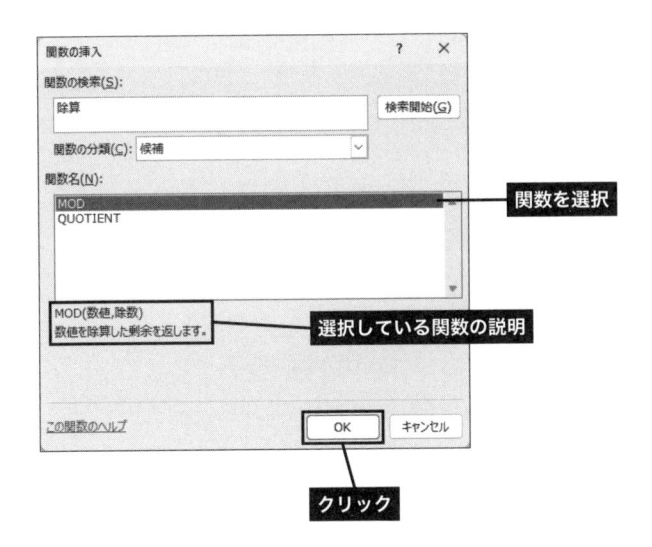

④ 関数の**引数**を指定する画面が表示されます。画面の指示に従ってセルやセル範囲、数値などを指定し、[**OK**] **ボタン**をクリックします。

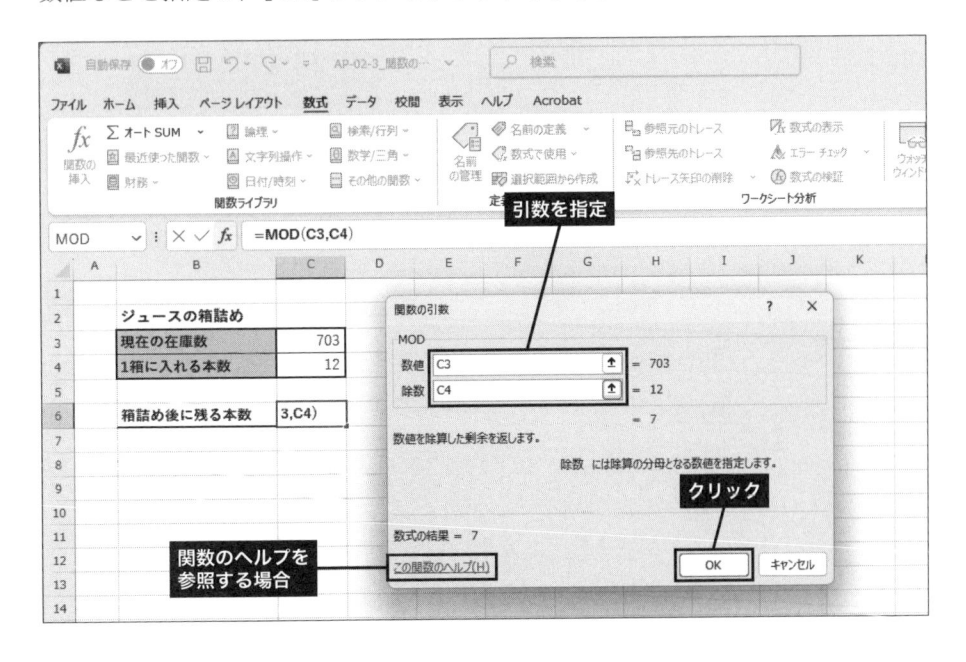

⑤ 関数の入力が完了し、その計算結果が表示されます。

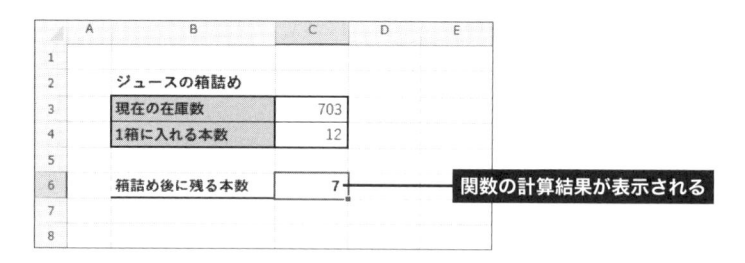

関数の入力例（3）　関数の直接入力

　利用する**関数名**や**引数の指定方法**がわかっている場合は、セルに関数を直接入力しても構いません。この場合は、セル（または**数式バー**）に関数を直接入力します。

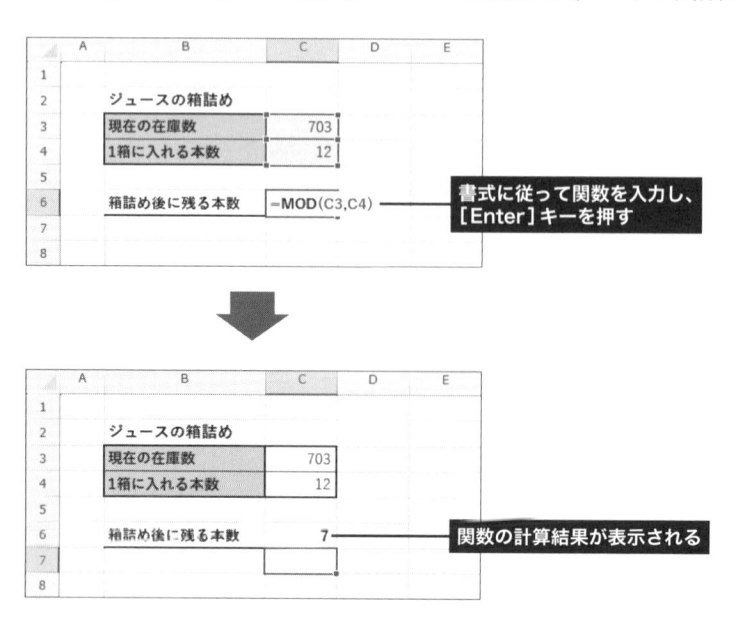

AP-03　セル範囲の指定

関数を利用する際に、引数に**セル範囲**を指定する場合もよくあります。続いては、セル範囲を指定する方法、ならびに**相対参照**と**絶対参照**について解説します。

AP-03.1　セル範囲の指定

セル範囲を指定するときは、その範囲内にある「左上のセル」と「右下のセル」を「:」（コロン）で区切って記述します。たとえば、以下のセル範囲は「C4:F8」と入力すると指定できます。

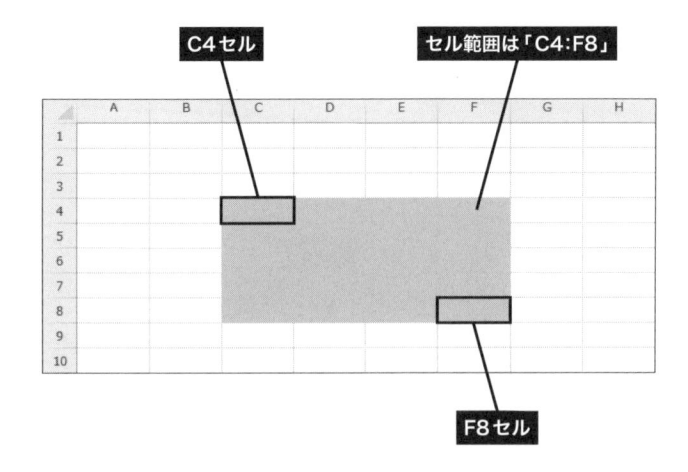

AP-03.2　離れたセル範囲を指定するには？

指定するセル範囲が離れている場合は、それぞれのセル範囲を「,」（カンマ）で区切って列記します。たとえば、次ページに示すセル範囲を指定するときは、「B3:D6,F4:G8」と記述します。

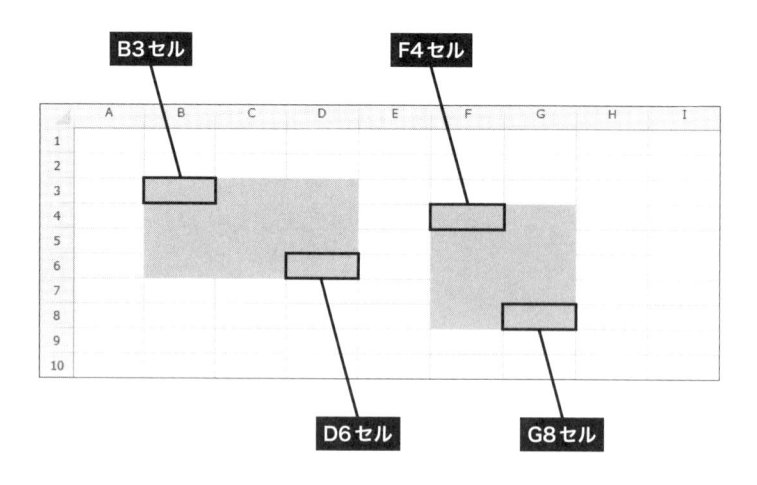

（使用例）

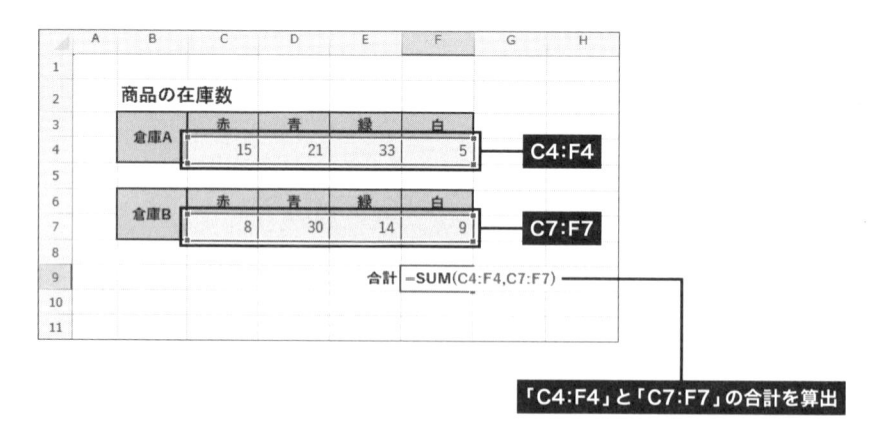

「C4:F4」と「C7:F7」の合計を算出

　セル範囲が四角形にならない場合も「,」（カンマ）を利用してセル範囲を指定します。たとえば、以下のセル範囲は「B3:C8,D6:F8」で指定できます。

AP-03.3 相対参照と絶対参照

　　数式や関数を他のセルにコピーすると、その**セル参照**や**セル範囲**が自動補正される仕組みになっています。たとえば、G4セルに「=SUM(C4:F4)」と入力し、これをG7セルにコピーすると、関数の引数が「=SUM(C7:F7)」に自動補正されます。

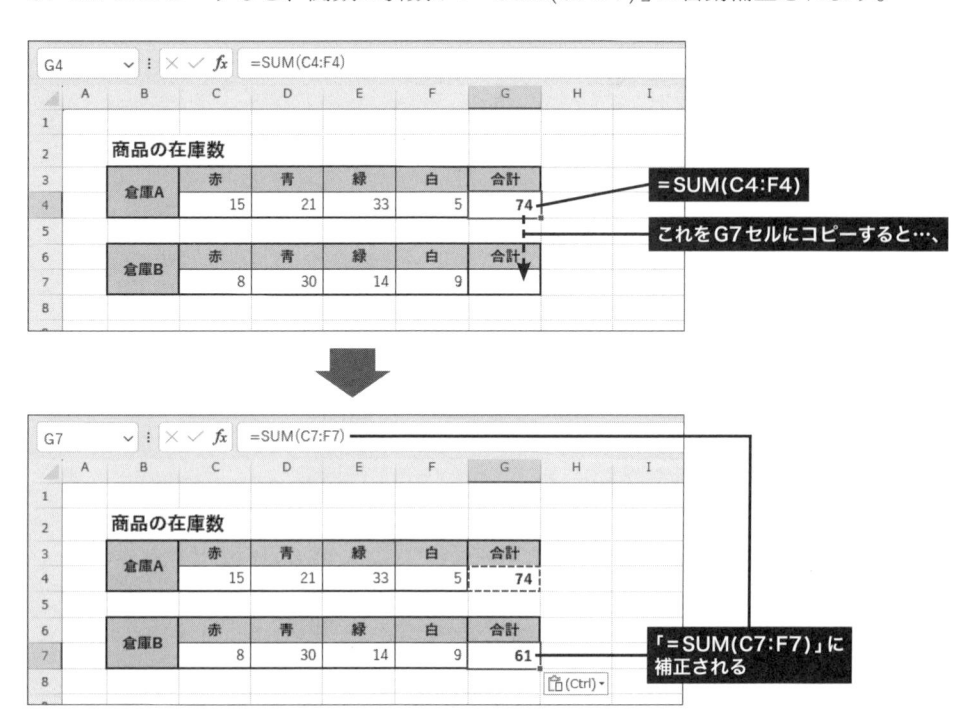

　　このように自動補正が行われるセル参照やセル範囲のことを**相対参照**といいます。一方、自動補正が行われない参照方法も用意されています。こちらは**絶対参照**と呼ばれ、列番号や行番号の前に「**$**」（**ドル**）の記号を付けてセル参照やセル範囲を指定します。

■相対参照と絶対参照の指定例

	相対参照	絶対参照
セル番号	C4	$C$4
セル範囲	B2:D5	$B$2:$D$5

たとえば以下の例の場合、「送料」のセルを絶対参照で指定しておかないと、数式をコピーした際に正しい計算結果を得られなくなってしまいます。

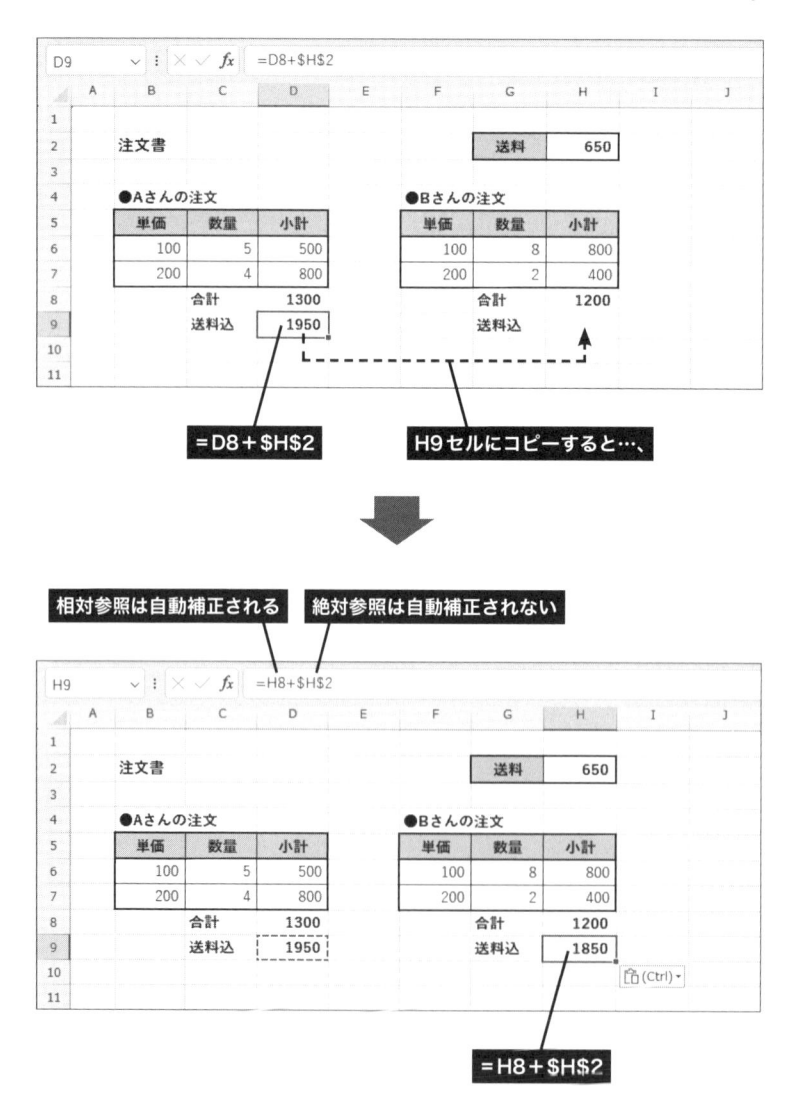

　このように、セル参照には**相対参照**と**絶対参照**の2つの指定方法が用意されています。状況に応じて両者を使い分けることが、Excelを上手に使いこなすコツです。それぞれ指定方法の違いをよく理解しておいてください。

　なお、行／列の挿入や削除を行った場合は、相対参照／絶対参照に関わらず、セル参照やセル範囲が自動補正されます。

AP-04 オートフィル

Excelには、数値や文字、数式、関数を特定のルールに従ってコピーできる**オートフィル**が用意されています。続いては、オートフィルの使い方を解説します。

AP-04.1 オートフィルの利用方法

オートフィルを使ってデータをコピーするときは、コピー元となるセルを選択し、**緑色の枠線の右下にある⊞を上下左右にドラッグ**します。すると、ドラッグしたセル範囲にデータをコピーできます。

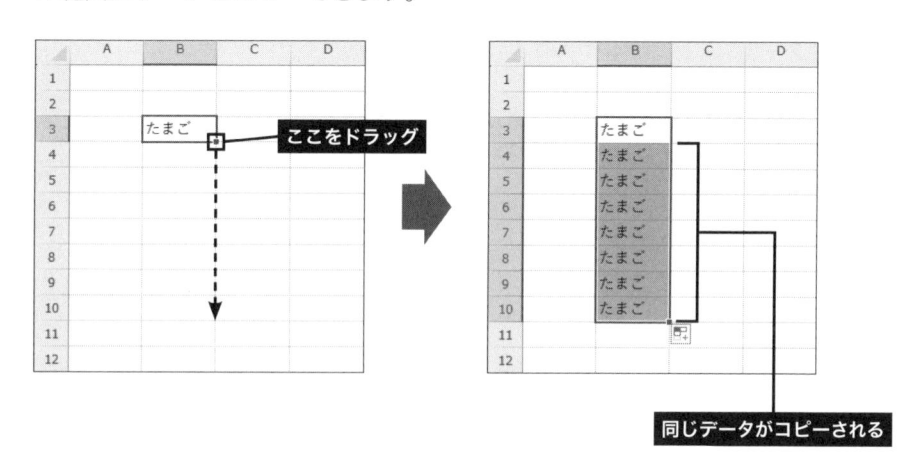

上の例のように、コピー元のデータが「一般的な文字」であった場合は、元の文字がそのままコピーされます。コピー元のデータが「月、火、水、……」や「1年、2年、3年、……」のように特定のルールに従って変化していく文字であった場合は、そのルールに従って文字がコピーされます。

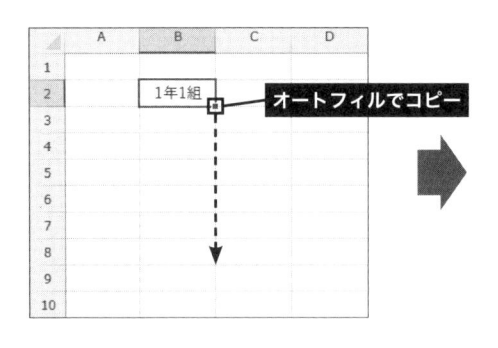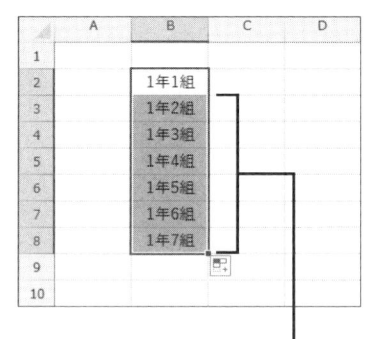

ルールに従って数字などが変化する

AP-04.2 数式や関数のオートフィル

オートフィルを利用して**数式**や**関数**をコピーすることも可能です。この場合は、数式や関数に含まれる**セル参照（セル範囲）**がマウスをドラッグした方向に応じて以下のように自動補正されます。

◆マウスを下（上）へドラッグした場合
- 列番号 ……… 補正なし
- 行番号 ……… 1つずつ増加（1つずつ減少）

◆マウスを右（左）へドラッグした場合
- 列番号 ……… 1つずつ増加（1つずつ減少）
- 行番号 ……… 補正なし

この仕組みを利用して、数式や関数を入力する手間を省くことも可能です。たとえば、D4セルに「＝B4＊C4」という数式を入力し、この数式をオートフィルでコピーすると、数式内のセル参照が次ページのように自動補正されます。このため、数式内のセル参照を修正しなくても正しい計算結果を得られます。

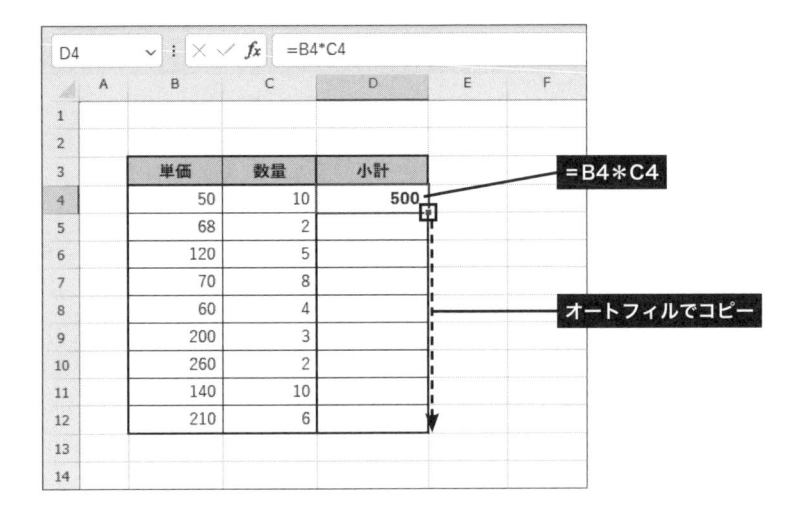

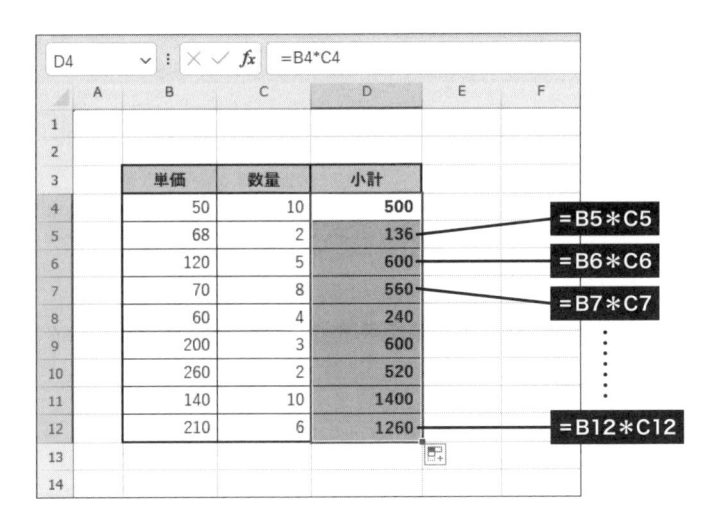

　なお、オートフィルによる自動補正が有効となるのは、**相対参照**で指定したセル参照（セル範囲）だけです。**絶対参照**で指定したセル参照（セル範囲）は、自動補正されないことに注意してください。

AP-04.3 オートフィル オプション

オートフィルを使ってコピーを実行すると、画面に ⊞ (**オートフィル オプション**)が表示されます。ここでは、「コピー元の書式をコピー先に引き継ぐか？」などを指定します。⊞ をクリックすると以下のようなメニューが表示されるので、この中から最適な項目を選択してください。

・セルのコピー

　コピー元の文字／数値／数式／関数だけでなく、セルの書式もコピーされます。

・**書式のみコピー**（フィル）

　コピー元の書式だけがコピーされます。コピー先のデータは変更されません。

・**書式なしコピー**（フィル）

　コピー元の文字／数値／数式／関数だけがコピーされます。コピー先のセルの書式は、以前の状態がそのまま維持されます。

　なお、コピー元のデータが数値であった場合は、「**連続データ**」という項目も表示されます。これを選択すると、数値を「連続した数値」としてコピーできます。

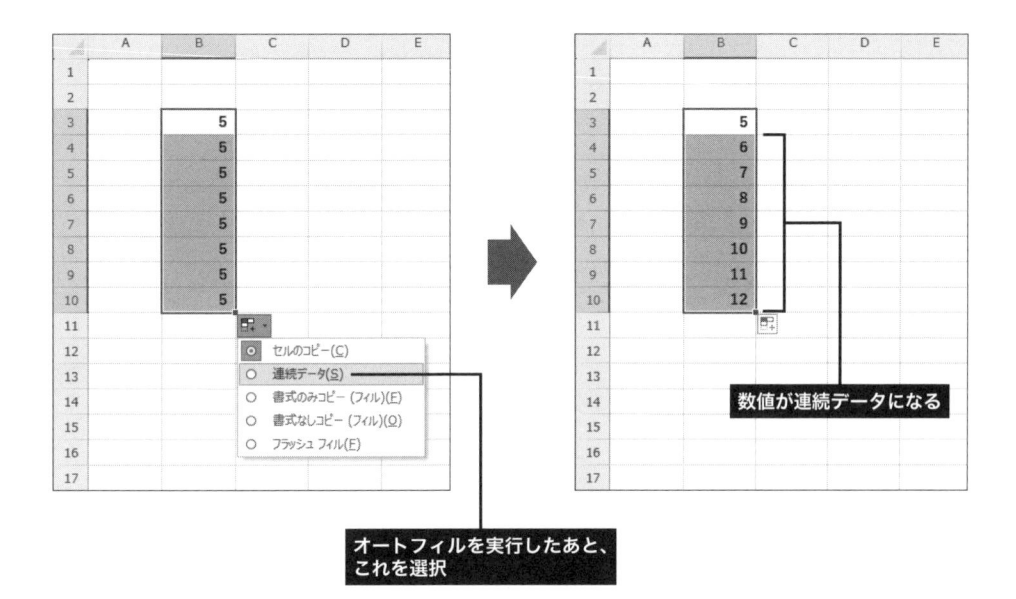

オートフィルを実行したあと、
これを選択

数値が連続データになる

AP-05　表示形式の変更

　各セルに入力した数値をはじめ、数式や関数の計算結果として表示された数値は、**小数点以下の表示桁数**を自由に変更できます。続いては、セルの**表示形式**を指定する方法を紹介します。

AP-05.1　「セルの書式設定」で表示桁数を変更

　小数点以下の表示桁数を変更するときは、「**セルの書式設定**」を利用します。次ページにその手順を紹介しておくので、設定を変更するときの参考にしてください。

① 表示形式を変更するセル（またはセル範囲）を選択します。続いて、［ホーム］タブの「数値」グループにある ⌐ をクリックします。

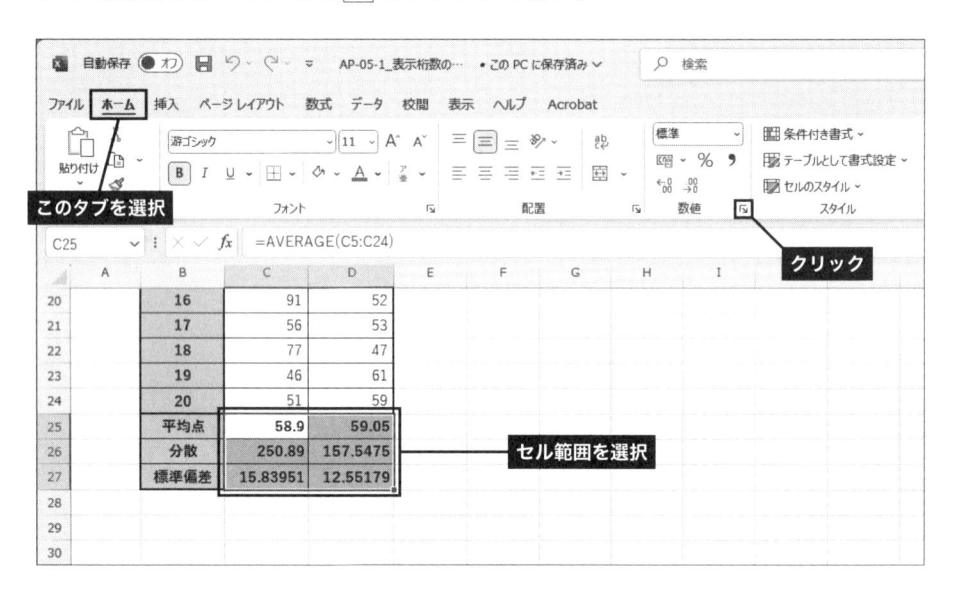

②「セルの書式設定」の［表示形式］タブが表示されます。この画面の左側で「数値」を選択すると、選択していたセルの表示形式を「数値」に変更できます。

③ 続いて、セルに表示する「**小数点以下の桁数**」を指定します。そのほか、**桁区切り** (,) の有無や**負の数**の表示方法を指定することも可能です。

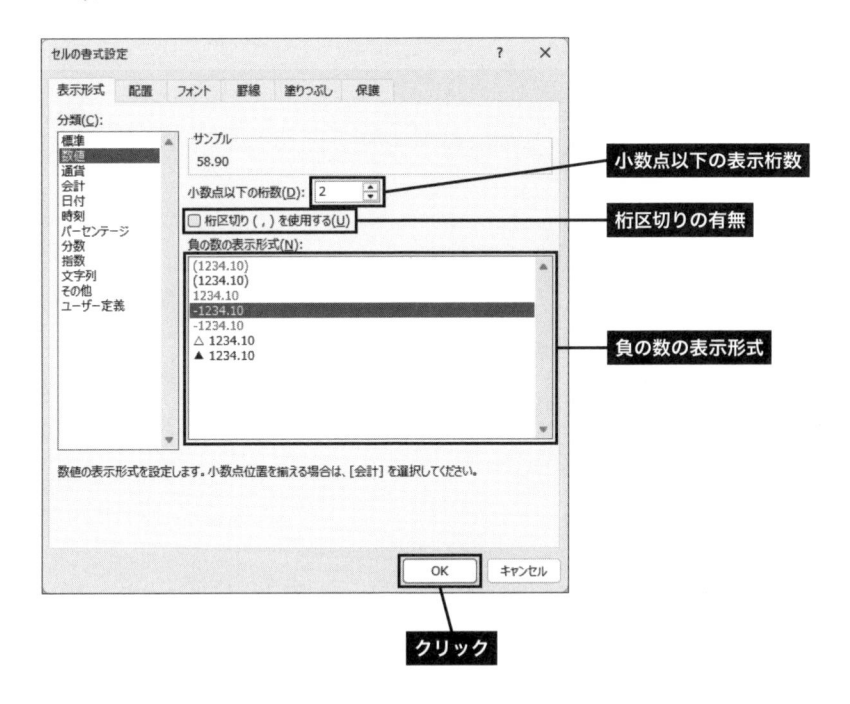

④ [**OK**] **ボタン**をクリックすると設定変更が反映され、小数点以下が指定した桁数で表示されます。

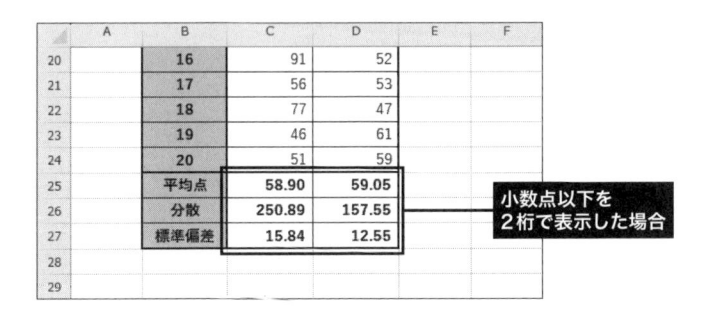

　小数点以下の表示桁数を指定すると、その**1つ下の位で四捨五入した値**がセルに表示されます。この四捨五入は、あくまで表示を変更するだけのものであり、**実際の数値データが変更されることはありません**。

たとえば、先ほどの例で小数点以下の表示桁数を3桁に変更すると、「157.55」と表示されていたセル（D26セル）の表示は「157.548」に変化します。つまり、セルに記録されている157.5475…（計算結果）は何も変更されず、その表示だけが四捨五入されていることになります。

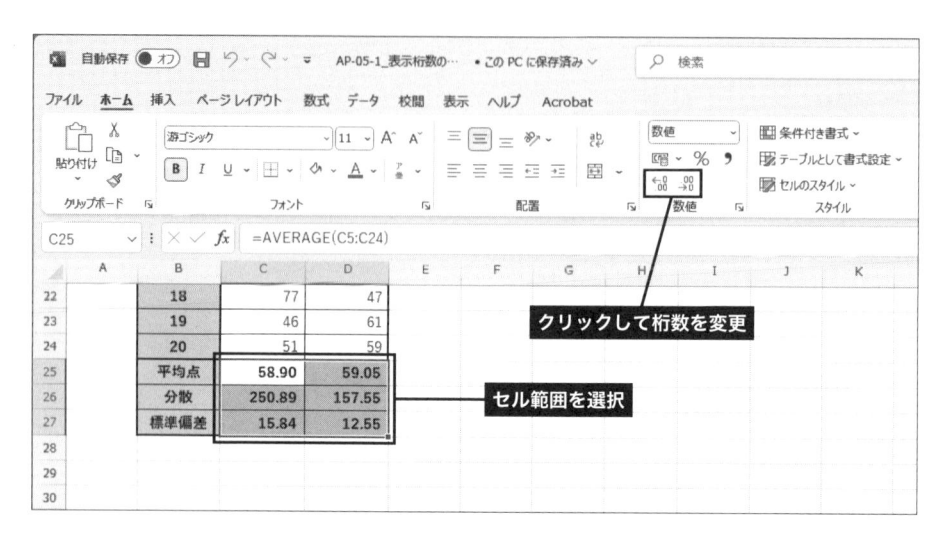

小数点以下を
3桁で表示した場合

AP-05.2 小数点以下の桁数をアイコンで指定

小数点以下の表示桁数を［ホーム］タブにあるアイコンで指定することも可能です。セル（またはセル範囲）を選択した状態で［↔0］をクリックすると、小数点以下の表示桁数を1桁増やすことができます。逆に［↔0］をクリックすると、小数点以下の表示桁数を1桁少なくできます。

AP-06　グラフの編集

　Excelにはグラフの作成機能が用意されています。ただし、必ずしも見やすいグラフが作成されるとは限りません。このような場合は、グラフの書式を変更すると見やすいグラフに仕上げられます。続いては、よく利用されるグラフの書式指定について紹介しておきます。

AP-06.1　グラフ要素の表示と配置

　グラフ内に表示する要素を変更するときは、グラフをクリックして選択し、⊞（**グラフ要素**）をクリックします。続いて、各要素の項目にチェックを入れると、その要素をグラフ内に表示できます。これとは逆に、表示されている要素をグラフから消去するときは、その項目のチェックを外します。

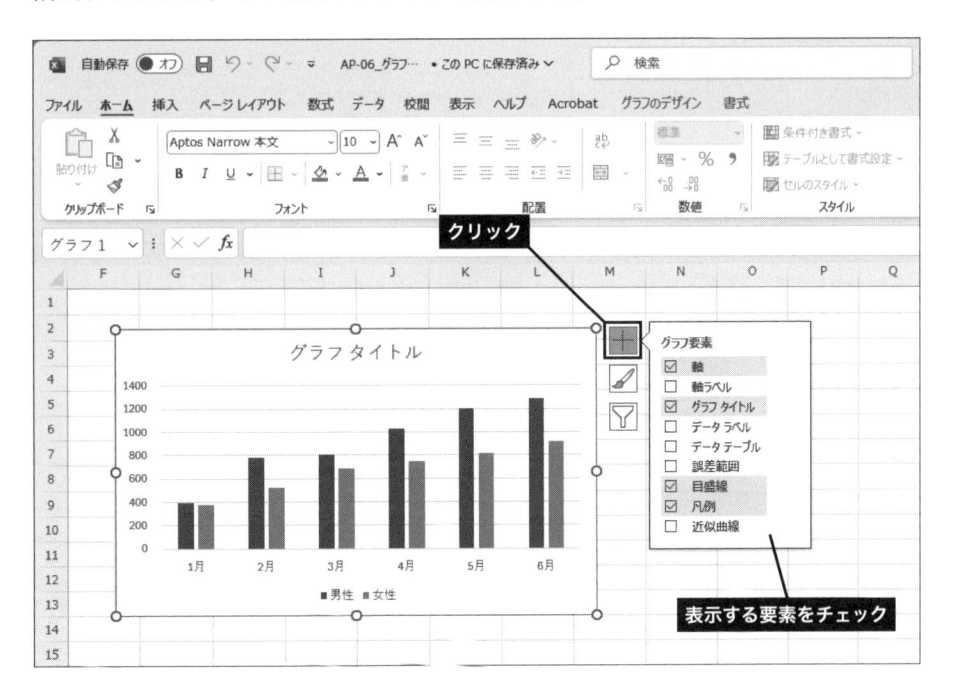

　次ページに、よく使用される要素の名称を紹介しておくので参考にしてください。

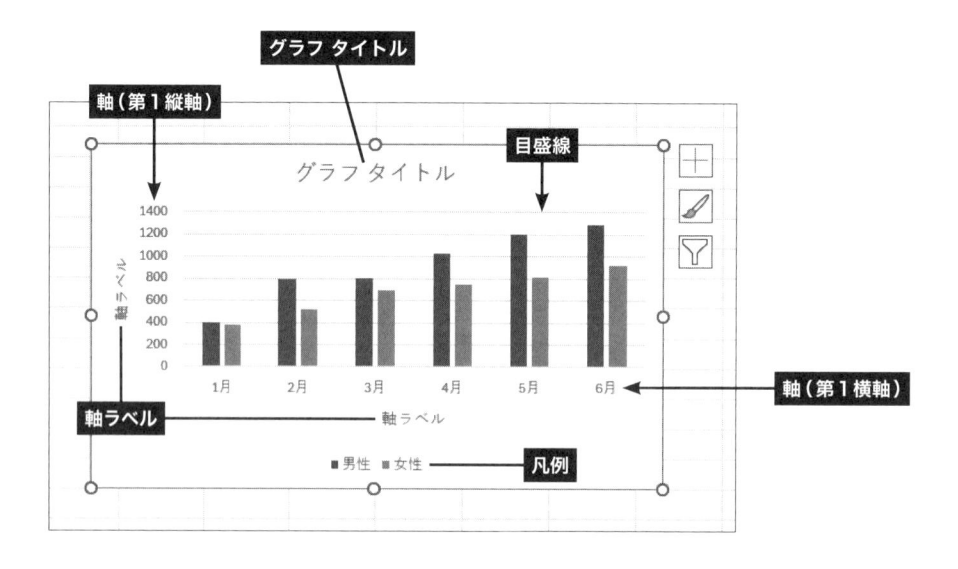

なお、各項目の > をクリックして、表示する要素（縦軸のみ／横軸のみ）を指定したり、要素の位置を変更したりすることも可能です。

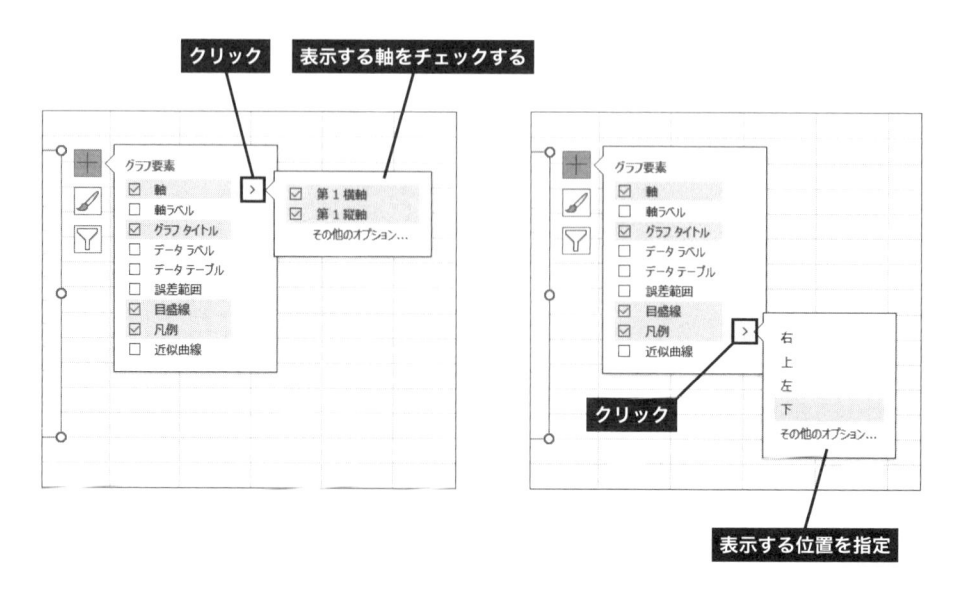

AP-06.2　グラフ要素の編集手順

　グラフ内にある要素の書式を変更するときは、その要素を**右クリック**して「○○の書式設定」を選択するか、もしくは要素を**ダブルクリック**します。すると、その要素の書式を指定できる設定画面が表示されます。

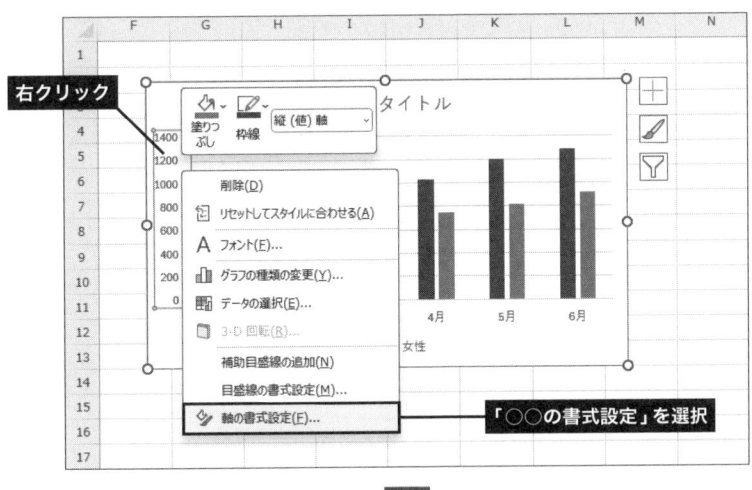

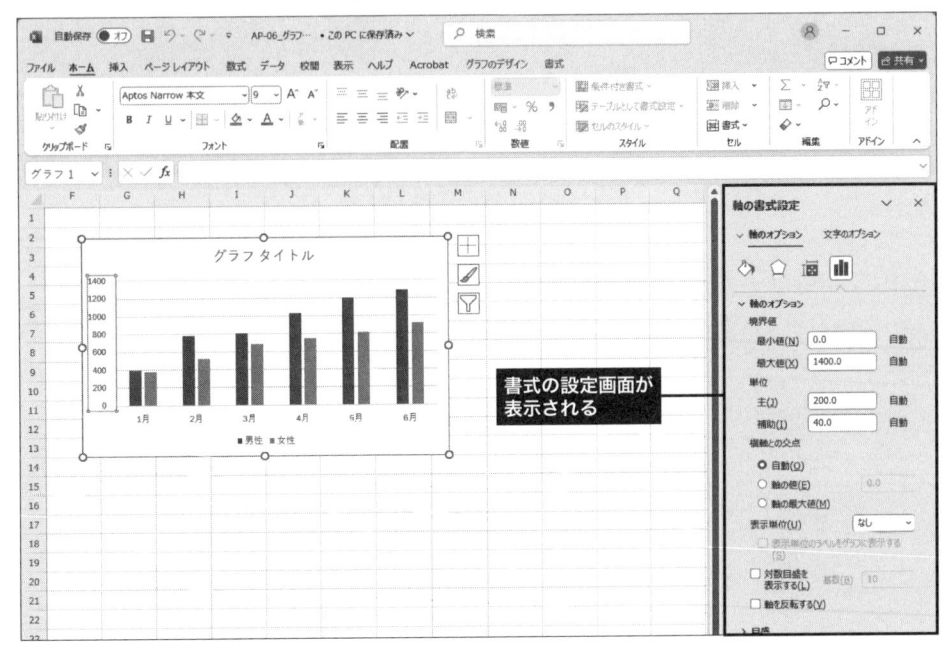

AP-06.3 軸の書式設定

それでは、各要素の書式設定について解説していきましょう。まずは、縦軸に表示されている数値の**最大値**、**最小値**、**目盛間隔**を変更する手順から解説します。

グラフの縦軸を右クリックして「**軸の書式設定**」を選択すると、以下のような設定画面が表示されます。ここで各項目に数値を入力していくと、軸に表示する数値の範囲（最小値～最大値）や目盛間隔をカスタマイズできます。

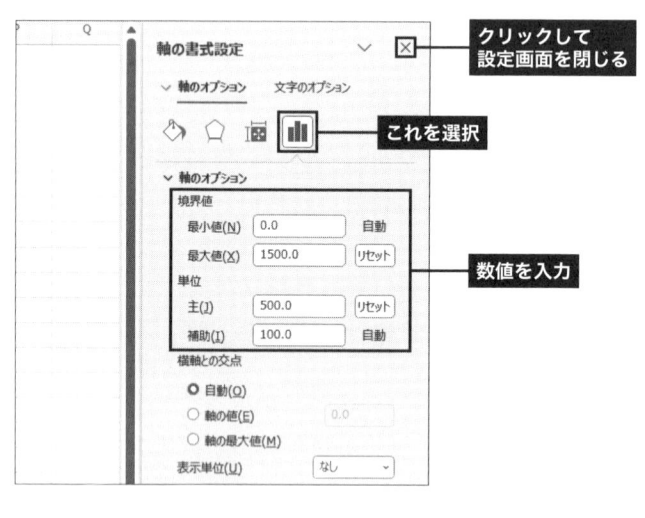

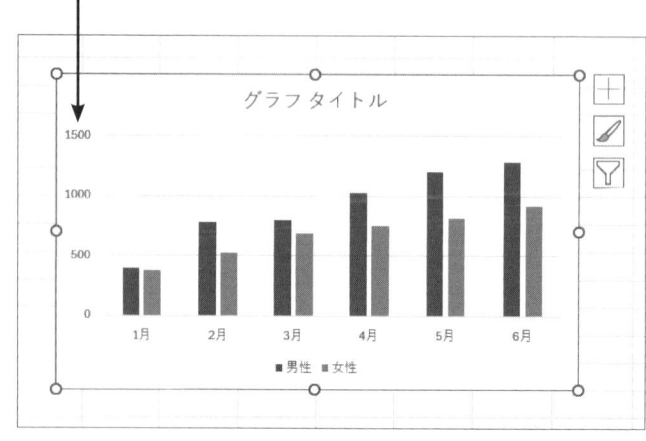

軸の文字の書式を変更するには？

　縦軸または横軸に表示されている文字や数値の書式を変更するときは、その要素を
クリックして選択し、[ホーム] タブで書式を指定します。軸の文字が小さすぎる場
合は「フォント サイズ」を大きくすると、見やすいグラフに仕上げられます。

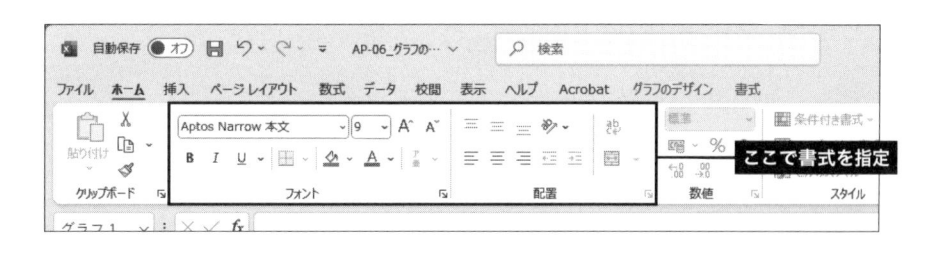

AP-06.4　グラフの色

　各系列の色を変更するときは、その系列を**右クリック**し、「**塗りつぶし**」コマンド
をクリックします。すると、以下の図のような画面が表示され、グラフ（系列）の色
を自由に変更できるようになります。なお、一覧に表示されていない色を指定する
ときは「**塗りつぶしの色**」を選択し、「色の設定」で色を指定します。

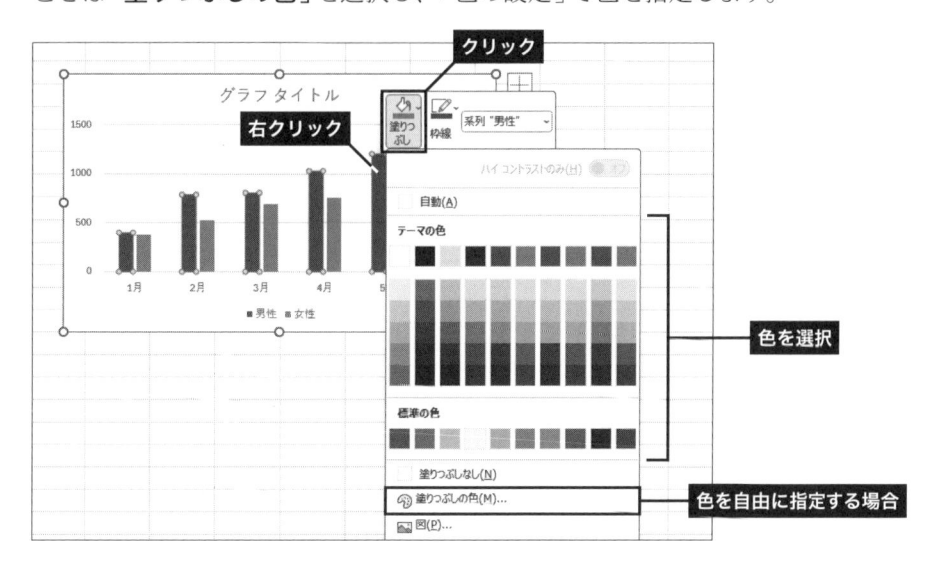

AP-06.5 グラフ タイトルの編集

　グラフの上部には、「**グラフ タイトル**」と表示されている領域（要素）があります。ここには、グラフの内容を示す文字を入力するのが一般的です。グラフ タイトルに入力した文字の書式は、［**ホーム**］**タブ**で変更できます。

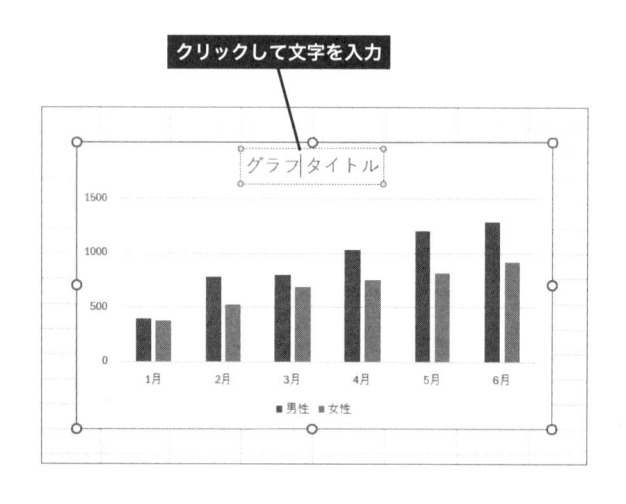

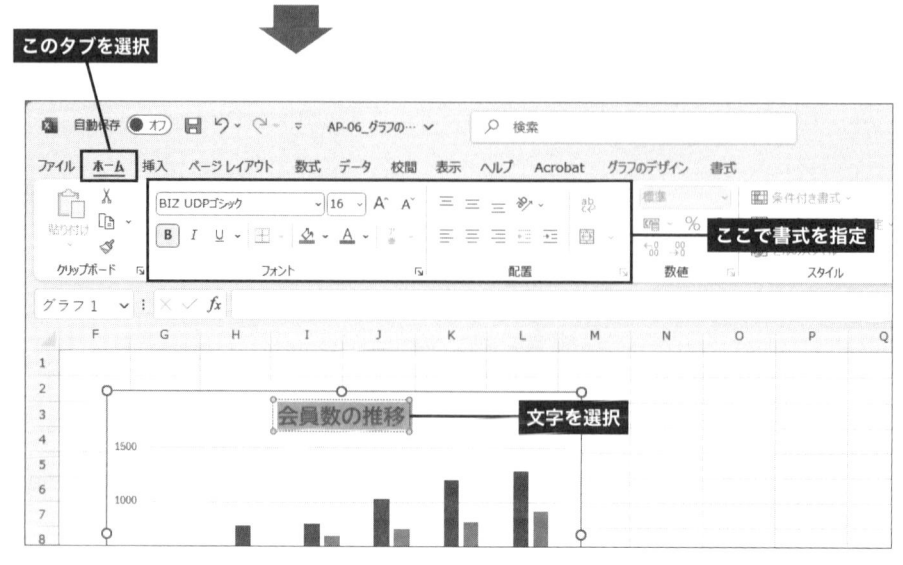

　なお、グラフ タイトルが必要ないときは、田で「グラフ タイトル」のチェックを外し、グラフ タイトルを消去しても構いません（P193参照）。

AP-06.6　軸ラベルの書式設定

縦軸や横軸に表示した**軸ラベル**の文字を変更したり、書式を指定したりすることも可能です。この操作手順はグラフ タイトルを編集する場合と基本的に同じです。

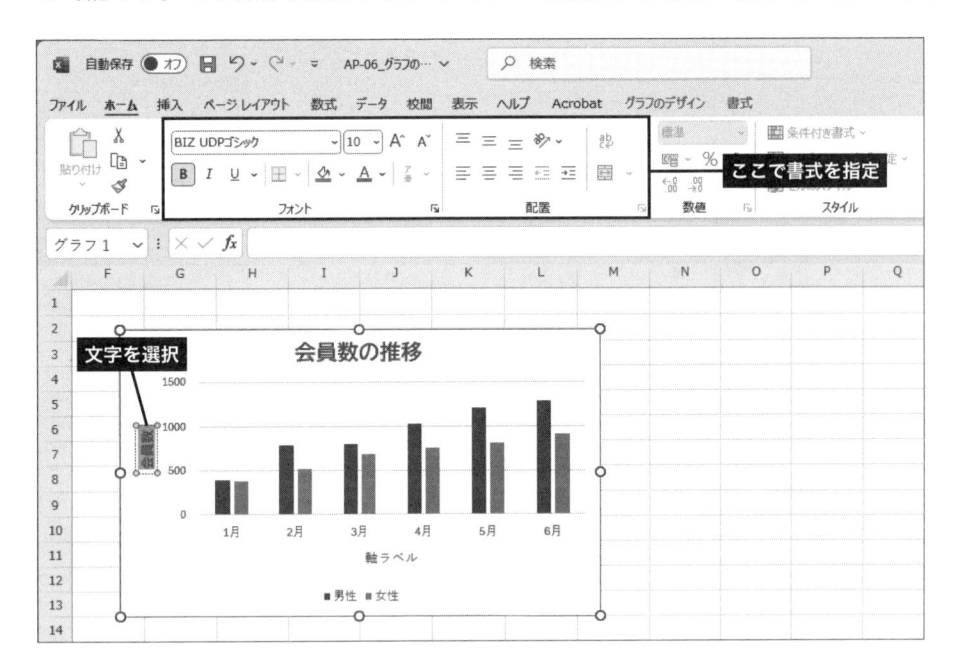

そのほか、縦軸（または横軸）の**軸ラベル**だけを表示させることも可能です。この場合は ⊞ をクリックして「軸ラベル」のサブメニューを開き、軸ラベルを表示する位置（縦軸/横軸）だけにチェックを入れます。

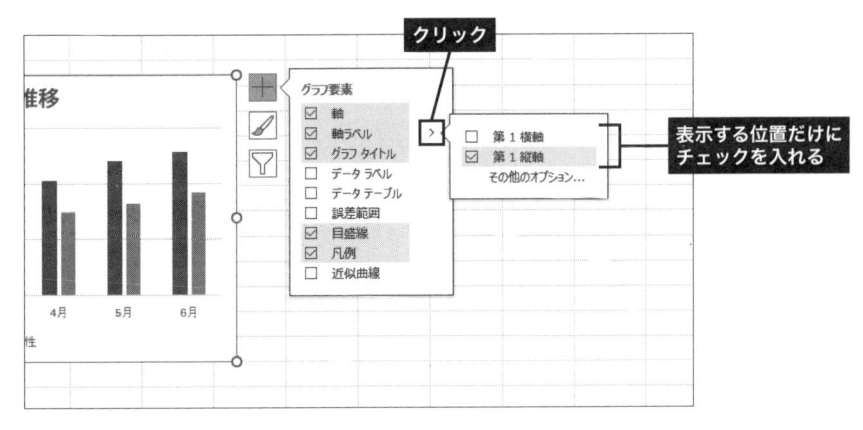

AP-06.7 目盛線の設定

　目盛線や補助目盛線の表示/消去を指定するときは、田をクリックして「目盛線」のサブメニューを開き、表示する目盛線/補助目盛線だけにチェックを入れます。

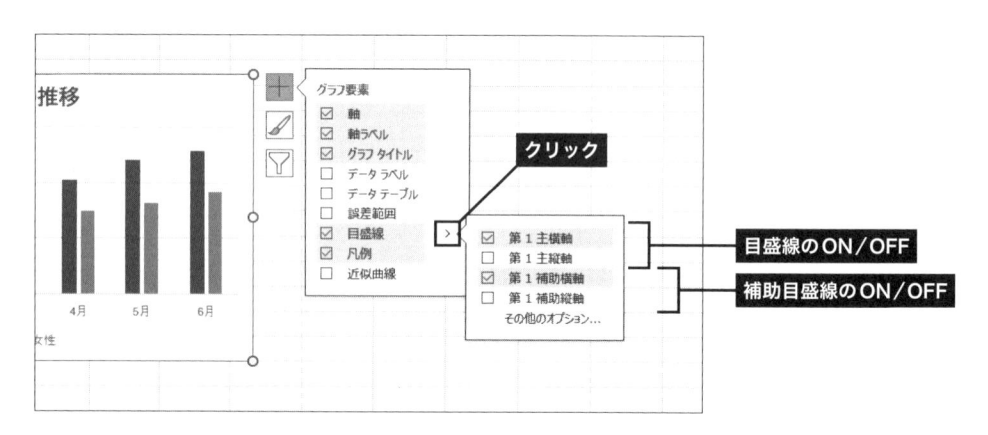

　なお、目盛線、補助目盛線の間隔は「**軸の書式設定**」で指定します（P196参照）。

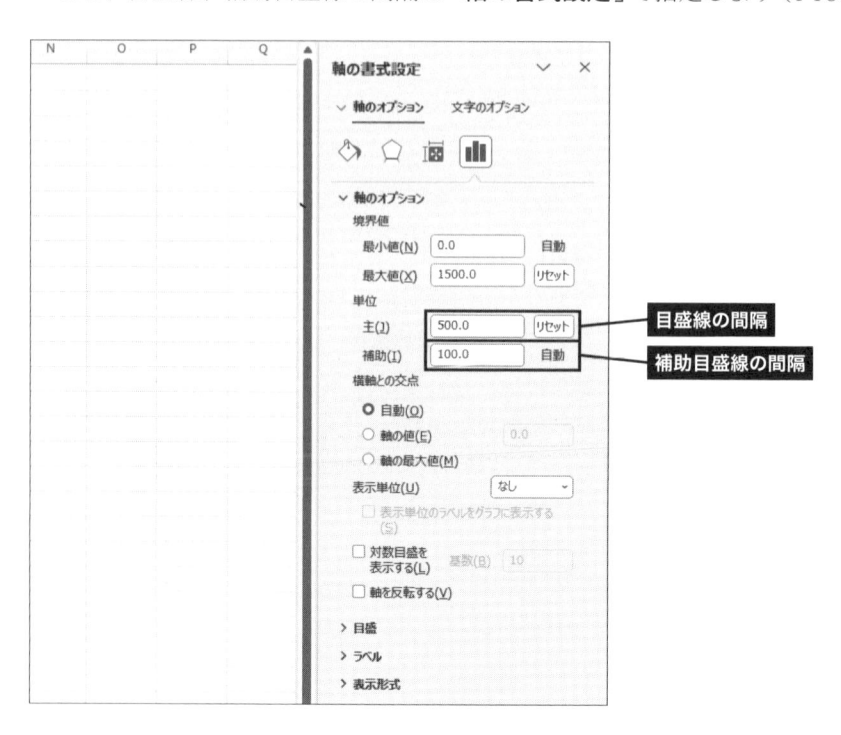

AP-06.8　グラフのデザインの変更

　グラフのデザインを変更したいときは、✎（**グラフ スタイル**）を利用すると便利です。この一覧から好きなデザインを選択すると、グラフ全体のデザインを手軽に変更できます。

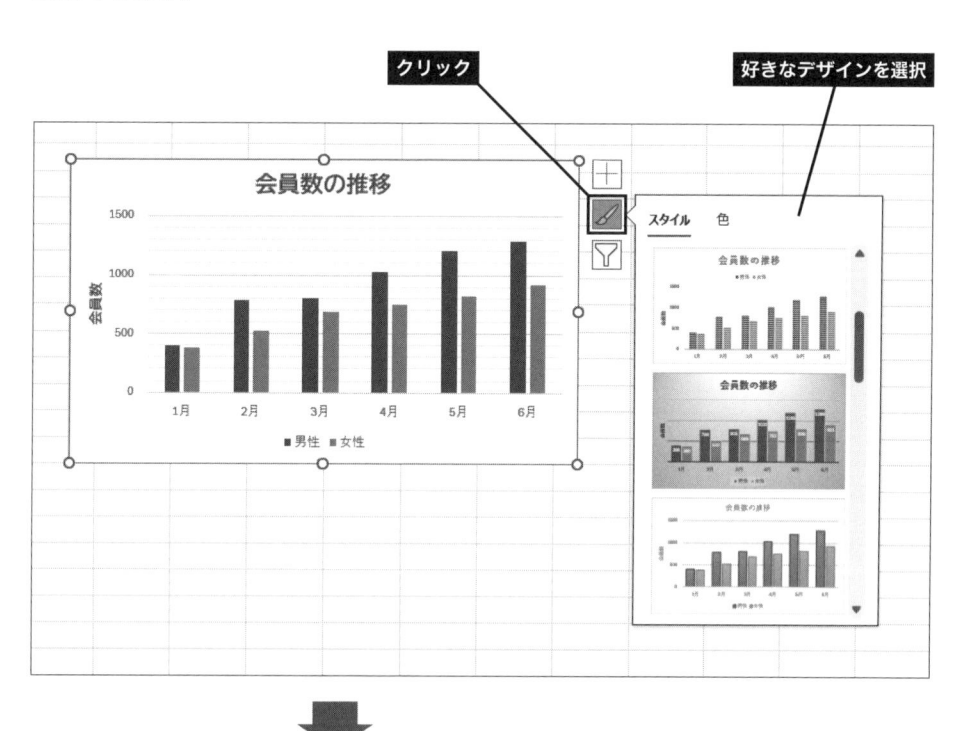

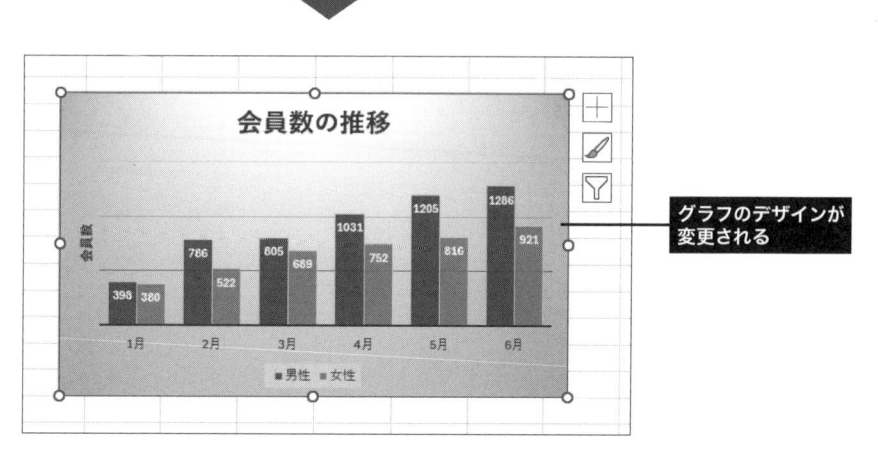

AP-07 統計処理で利用する関数

最後に、統計処理でよく利用するExcel関数をまとめておきます。関数の書式を忘れてしまった場合などに参照してください。

◆数値の個数（標本数）

指定したセル範囲内に入力されている**数値データの個数**を数えます。**標本数**（データの個数）を求める場合などに活用できます。

$$=COUNT(セル範囲)$$

◆平方根

引数に指定した値（セル参照、数式）の**平方根**を算出します。

$$=SQRT(値)$$

◆平均値（標本平均）

指定したセル範囲の**平均値**を求めます。**標本平均**を求める際にも利用します。

$$=AVERAGE(セル範囲)$$

◆最大値

指定したセル範囲の中から**最大値**を求めます。

$$=MAX(セル範囲)$$

◆最小値

指定したセル範囲の中から**最小値**を求めます。

$$=MIN(セル範囲)$$

◆分散（標本分散）

指定したセル範囲の**分散**（**標本分散**）を求めます。

=VAR.P(セル範囲)

◆不偏分散

指定したセル範囲の**不偏分散**を求めます。

=VAR.S(セル範囲)

◆標準偏差

指定したセル範囲の**標準偏差**を求めます。この関数により算出される数値は**分散**（**標本分散**）**の平方根**となります。

=STDEV.P(セル範囲)

◆標準偏差（推定値）

指定したセル範囲の**標準偏差**を求めます。この関数により算出される数値は**不偏分散の平方根**となります。

=STDEV.S(セル範囲)

◆平均値の誤差

危険率、標準偏差、標本数を指定すると、平均値の誤差を算出できます。この誤差を標本平均にプラスマイナスすると、**平均値の信頼区間**を求められます。ただし、標本数が多く、標準偏差の誤差が少ないと考えられる場合にしか利用できません。

=CONFIDENCE.T(危険率 , 標準偏差 , 標本数)

◆ t の値

t 分布における t **の値**を返します。引数には、危険率と自由度を指定します。

=T.INV.2T (危険率 , 自由度)

◆ t 検定

指定した2つのセル範囲について、「平均値の差」の有意性を検証する t **検定**を行います。算出結果には、t **の確率値**が表示されます。

=T.TEST (セル範囲 , セル範囲 , 片側 ／ 両側 , t 検定の種類)

◆ Fの値

F分布における**Fの値**を返します。引数には、危険率と2つの自由度を指定します。

=F.INV.RT (危険率 , 群間の自由度 , 群内の自由度)

◆ F検定

指定した2つのセル範囲について、分散を比較する**F検定**を行います。算出結果には、**Fの確率値**が表示されます。

=F.TEST (セル範囲 , セル範囲)

◆ χ^2 の値

χ^2 分布における χ^2 **の値**を返します。引数には、危険率と自由度を指定します。

=CHISQ.INV.RT (危険率 , 自由度)

◆ χ^2 検定

「比率の差」を検証する χ^2 **検定**を行います。この関数を利用するには、あらかじめ**期待値**を算出しておく必要があります。算出結果には、χ^2 **の確率値**が表示されます。

=CHISQ.TEST (実測値のセル範囲 , 期待値のセル範囲)

索　引

執筆陣が講師を務めるセミナー、新刊書籍をご案内します。

詳細はこちらから

https://www.cutt.co.jp/seminar/book/

先輩が教える㊳

統計処理に使う
Excel 2024 活用法

2025年3月10日　初版第1刷発行

著　者	相澤 裕介	
発行人	石塚 勝敏	
発　行	株式会社 カットシステム	
	〒169-0073 東京都新宿区百人町4-9-7　新宿ユーエストビル8F	
	TEL　（03）5348-3850　　FAX　（03）5348-3851	
	URL　http://www.cutt.co.jp/	
	振替　00130-6-17174	
印　刷	シナノ書籍印刷 株式会社	

本書に関するご意見、ご質問は小社出版部宛まで文書か、sales@cutt.co.jp 宛に e-mail でお送りください。電話によるお問い合わせはご遠慮ください。また、本書の内容を超えるご質問にはお答えできませんので、あらかじめご了承ください。

Cover design *Y. Yamaguchi*　　　　　　　　Copyright©2025　相澤 裕介
Printed in Japan　ISBN 978-4-87783-562-0